微米探險 研究室的夥伴

東雲（助理）

喜歡旅行，
正在努力挑戰馬拉松！

大衛（助理）

來自義大利，
目前因為越野賽跑骨折中。

藥研堀博士

喜歡咖哩和咖啡，
最近第一次罹患花粉症。

吉島（藥劑師）

博士的研究夥伴，
熱愛章魚燒。

小花

非常喜歡甜食，
最怕牙醫師。

英治

充滿好奇心，
喜愛球類運動的男孩。

人體奧祕大發現

受傷和生病之謎大解密

出發！到微米世界

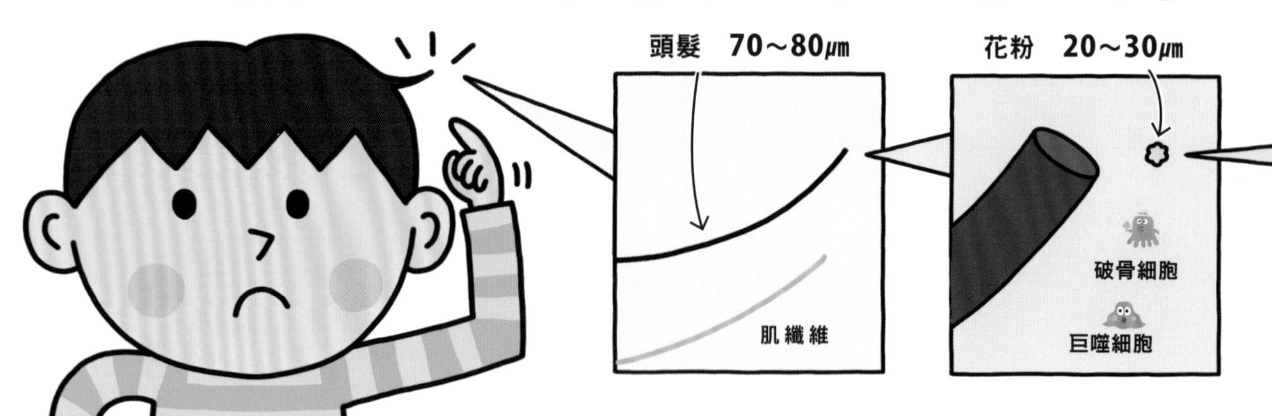

下面這些排排站的就是在本書中大展身手的許多「成員」。他們有的會在身體受傷的時候止住流血，有的能打敗並消滅感冒的濾過性病毒，非常活躍。這些成員都非常、非常微小，而且大部分都只能用特殊的顯微鏡才能看見喔！

住在腹部的成員

住在血液和淋巴的成員

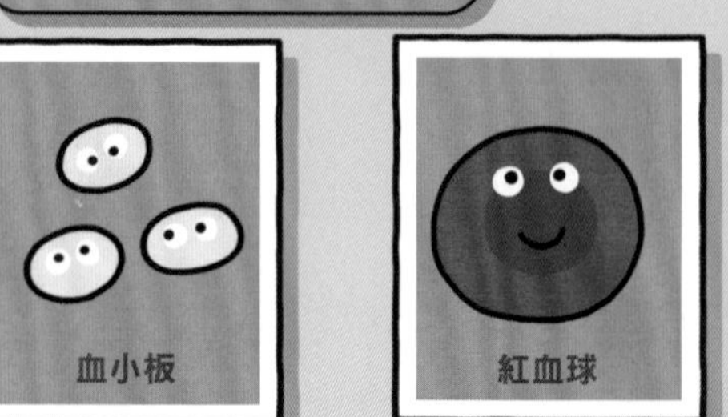

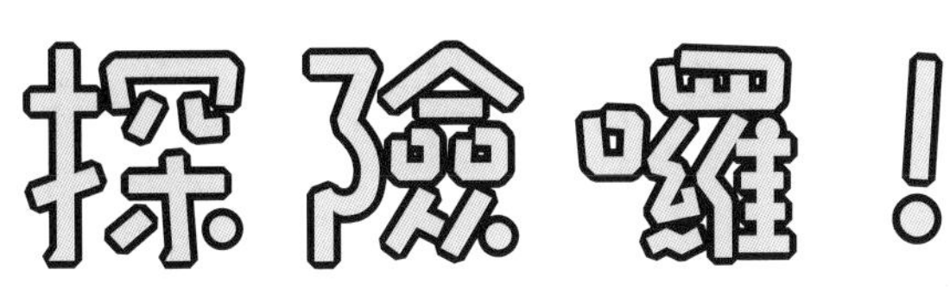

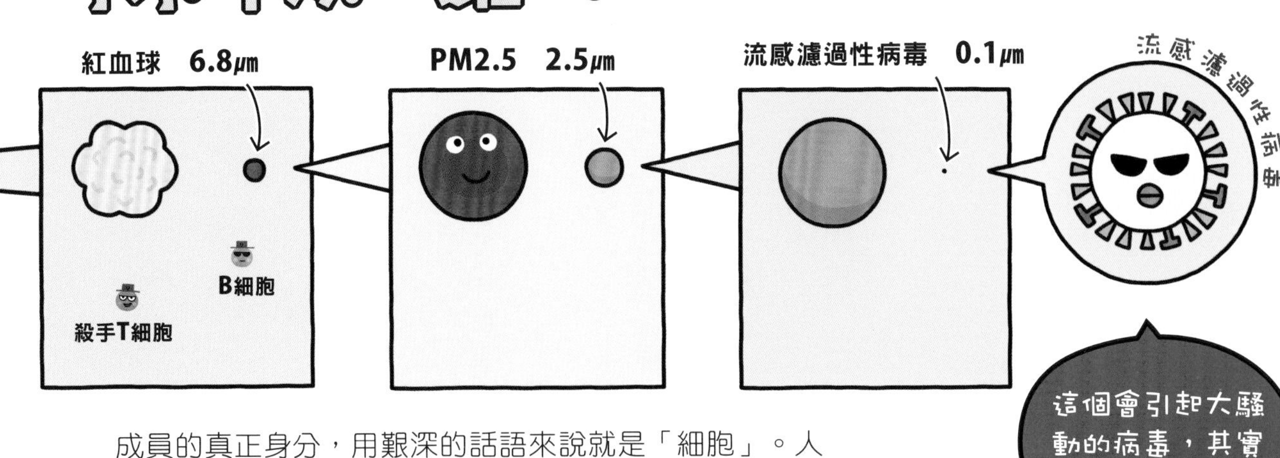

成員的真正身分，用艱深的話語來說就是「細胞」。人類的身體由38兆（38,000,000,000,000）個細胞組成。那一個、一個的細胞，都是形成、守護和活動身體的成員。更重要的是，那也代表著我們「正活著」呢。

※μm→微米
※1μm→0.001毫米

住在骨骼的成員

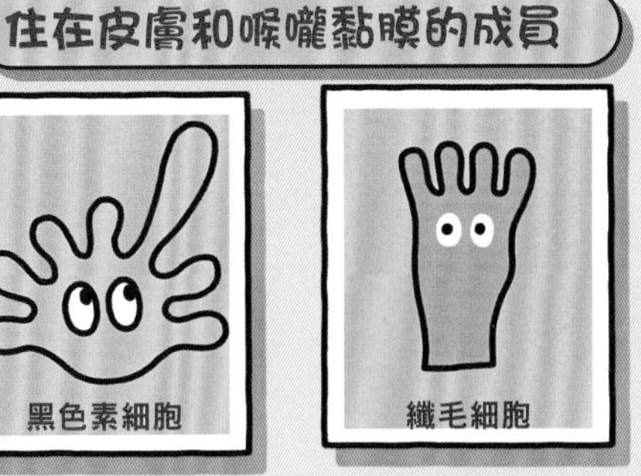

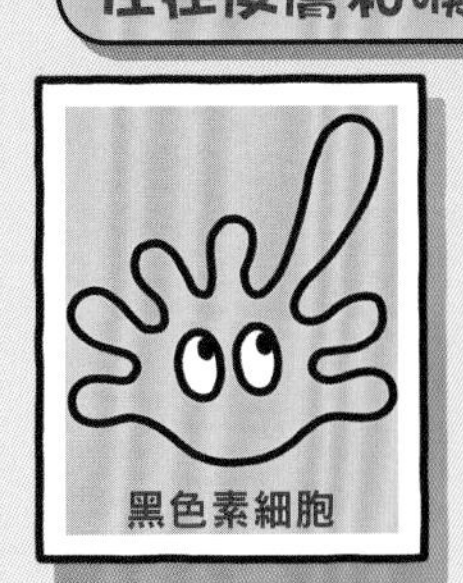

纖毛細胞

住在肌肉的成員

目次

SOS 6
曬傷刺痛
真難受～！
・・・54
濾過性病毒。細菌軍團
SOS 7
班級停課
大不妙～！
・・・64
SOS 8
手機和電玩
傷很大！
・・・76
藍光
直頸
生理時鐘
SOS現場是微米戰爭的最前線。你做好前去察看的準備了嗎？
SOS 9
噴嚏、鼻水止不住！
・・・86
哈啾！

SOS 1 好痛！肚子好痛！

博士好像是肚子痛。
怎麼回事！？
嗚～我已經不行了啦～

剛剛吃了不新鮮的咖哩，應該是吃壞肚子了。
太誇張了吧！
哦……
嗚～
咖哩如果沒有放進冰箱，可能會孳生細菌。
沒錯。
嘻嘻
吃壞肚子？肚子為什麼會弄壞呢？
嗚～
說是弄壞吧，其實就是變成和平常不一樣的狀態。我用圖來做說明吧！
好唷～

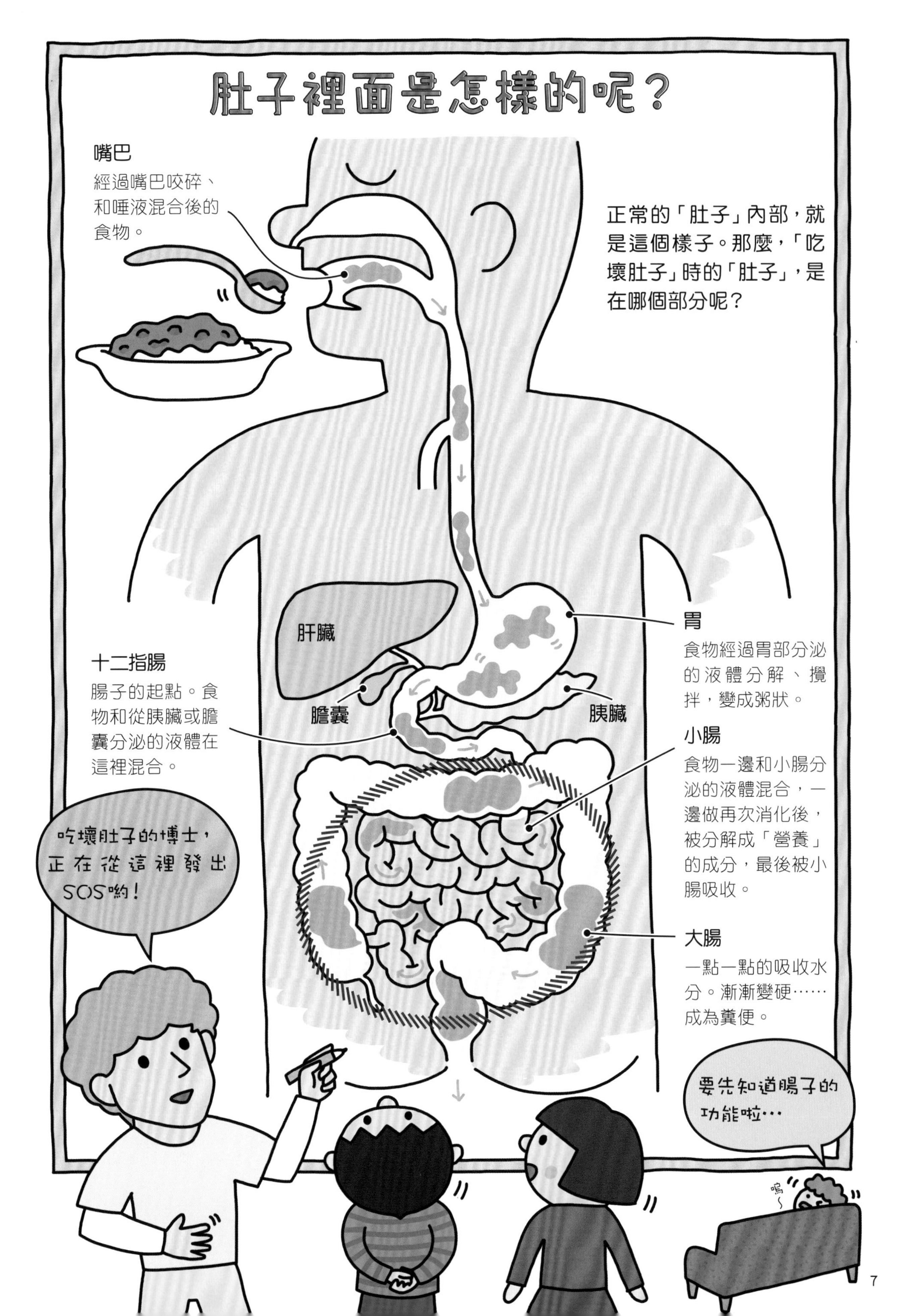
肚子裡面是怎樣的呢？
嘴巴
經過嘴巴咬碎、和唾液混合後的食物。
正常的「肚子」內部，就是這個樣子。那麼，「吃壞肚子」時的「肚子」，是在哪個部分呢？
肝臟
胃
食物經過胃部分泌的液體分解、攪拌，變成粥狀。
十二指腸
腸子的起點。食物和從胰臟或膽囊分泌的液體在這裡混合。
膽囊
胰臟
小腸
食物一邊和小腸分泌的液體混合，一邊做再次消化後，被分解成「營養」的成分，最後被小腸吸收。
大腸
一點一點的吸收水分。漸漸變硬……成為糞便。
吃壞肚子的博士，正在從這裡發出SOS喲！
要先知道腸子的功能啦…
嗚～

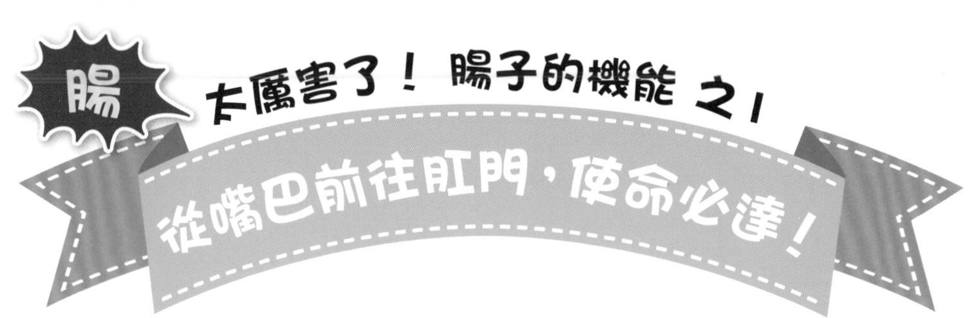

腸子如果展開，是一條長達6～7公尺的管子。從胃部送來的食物耗費4～5個小時的時間通過這裡，在這個過程中被完全消化，又成為「營養」被吸收。另外，把殘餘的廢物送到大腸，運送到肛門再排出體外，也是腸子的工作。

腸子被神經網覆蓋著

腸子由黏膜和肌肉組成，神經就像網眼一樣遍布在黏膜和肌肉間。這張網是由運作腸子的神經細胞連結而成，數量甚至達到數億個。

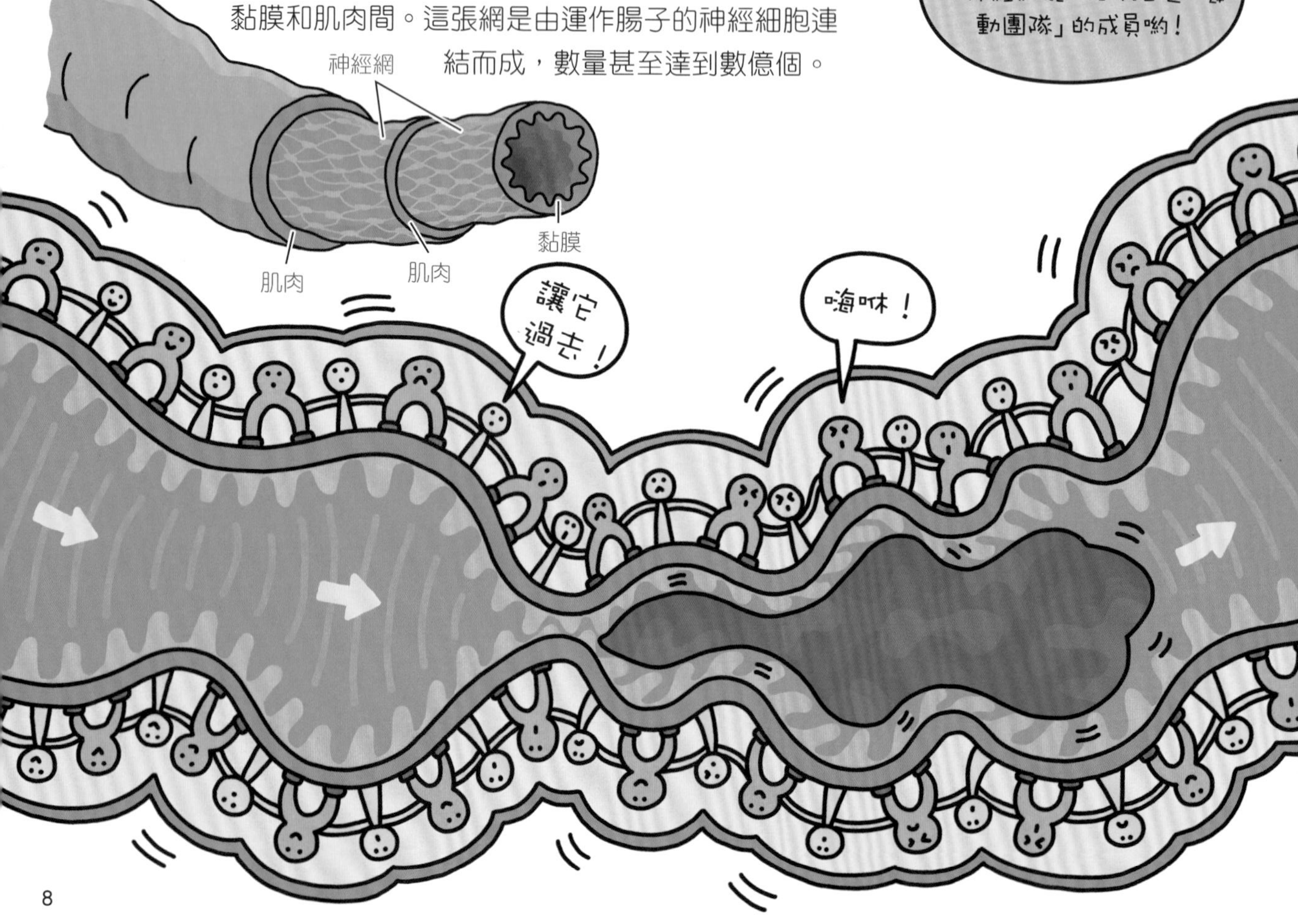

像蚯蚓一樣蠕動！

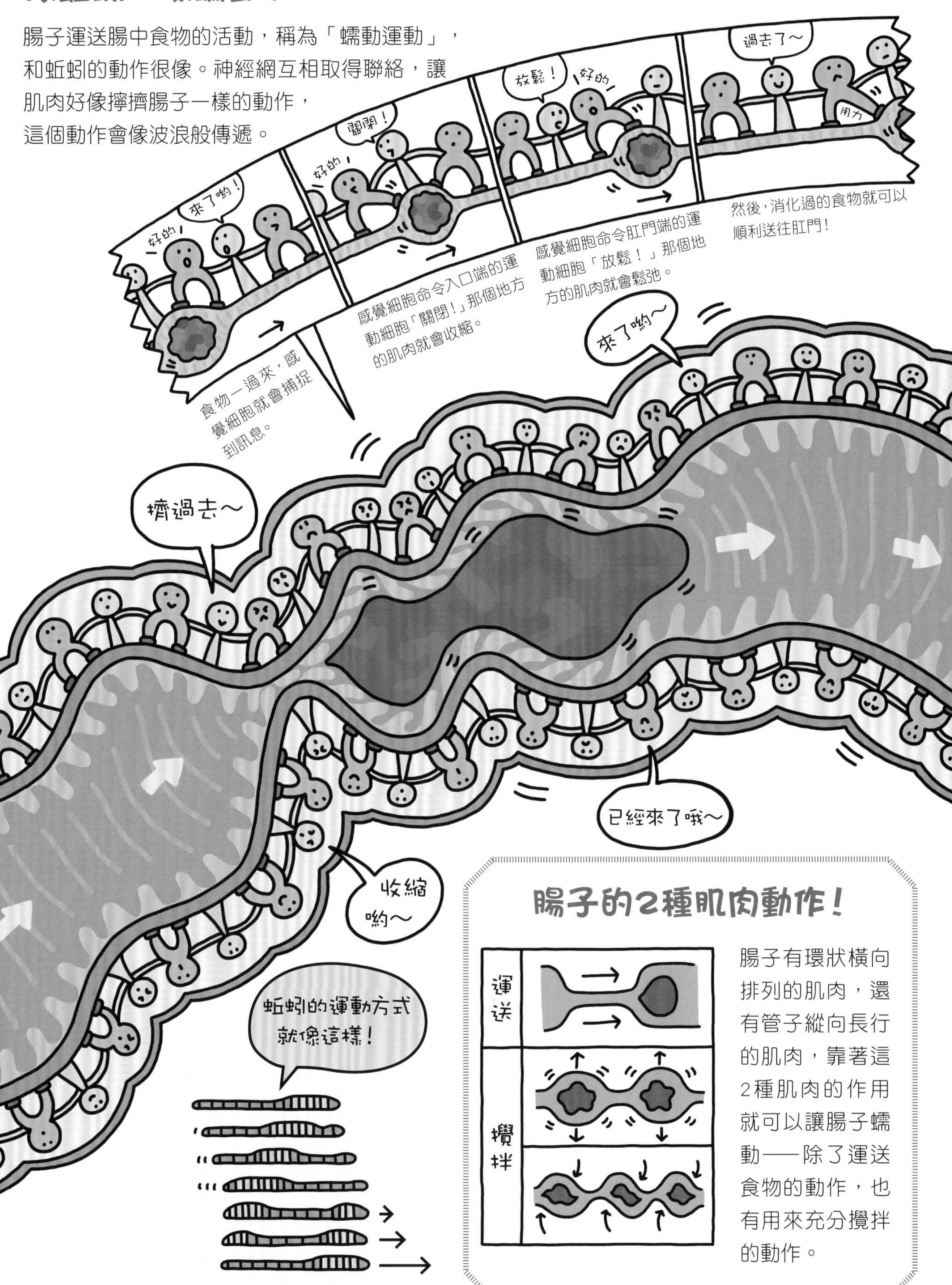

腸子運送腸中食物的活動，稱為「蠕動運動」，
和蚯蚓的動作很像。神經網互相取得聯絡，讓
肌肉好像擰擠腸子一樣的動作，
這個動作會像波浪般傳遞。
好的
來了喲！
食物一過來，感
覺細胞就會捕捉
到訊息。
好的
關閉！
感覺細胞命令入口端的運
動細胞「關閉！」那個地方
的肌肉就會收縮。
放鬆！
好的
感覺細胞命令肛門端的運
動細胞「放鬆！」那個地
方的肌肉就會鬆弛。
過去了～
用力
然後，消化過的食物就可以
順利送往肛門！
來了喲～
擠過去～
已經來了哦～
收縮
喲～
蚯蚓的運動方式
就像這樣！
腸子的2種肌肉動作！
運送
攪拌
腸子有環狀橫向
排列的肌肉，還
有管子縱向長行
的肌肉，靠著這
2種肌肉的作用
就可以讓腸子蠕
動──除了運送
食物的動作，也
有用來充分攪拌
的動作。

胃裡已經消化成粥狀的食物，在通過小腸時會更進一步的被分解，然後成為營養被攝取，再運送到全身。腸子的工作是劃分得很精細的喲！

活躍在「絨毛」舞台上的團隊

團隊的成員並排在覆蓋著小腸壁的「腸絨毛」表面。腸子上有數百萬根的腸絨毛，所以整個腸子也存在著數目驚人的成員。

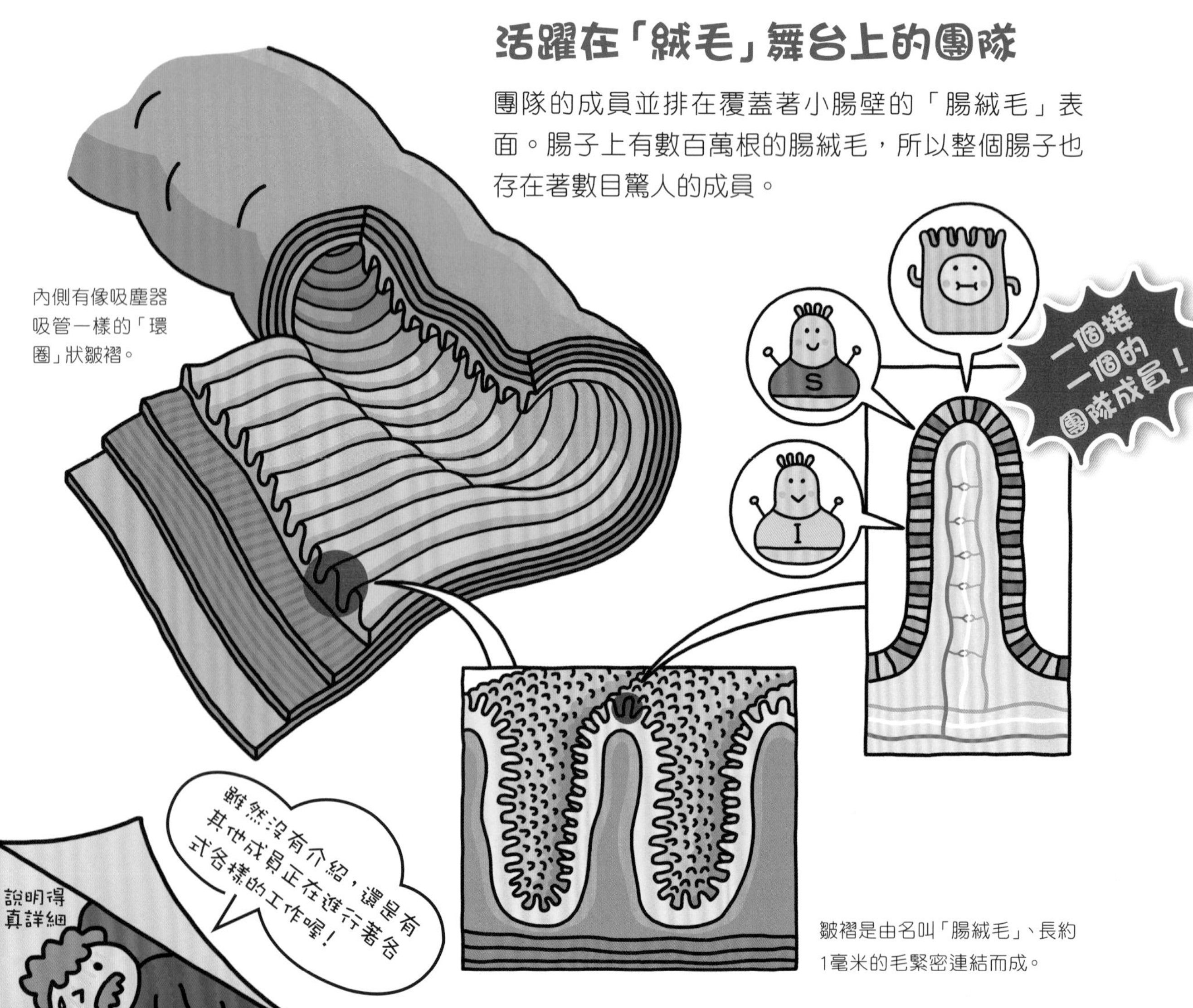

促使預備消化液分泌的先鋒部隊

先做預備工作的成員是感覺細胞，他能感知進入腸中的食物成分。每個成員能夠察覺出什麼成分都是固定的，只要捕捉到自己負責的成分，就會聯絡胰臟或膽囊分泌分解用的消化液。

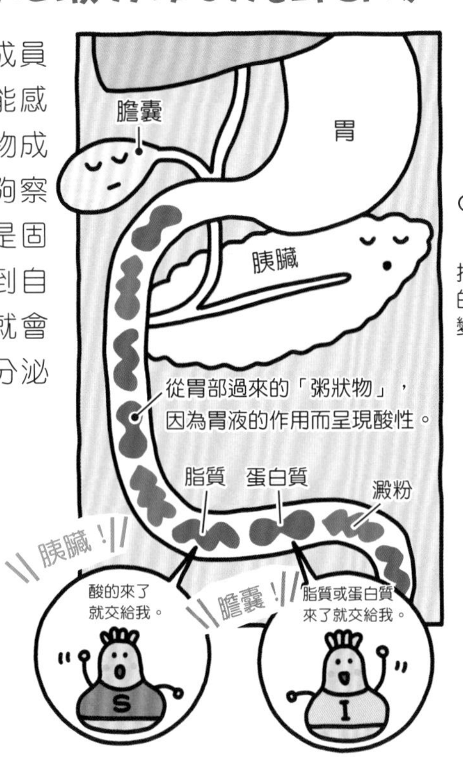

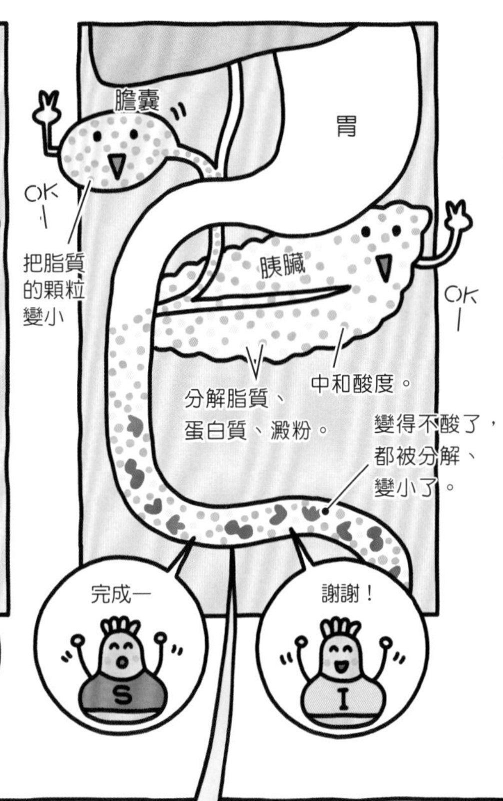

加工・吸收團隊的工作 再度分解後攝取到身體裡

腸絨毛上大部分都是加工・吸收團隊的成員。上面大約有1000根左右的細毛，這裡的成分會把蛋白質和澱粉分解、變小，再吸收。脂質變成小顆粒的集結，和絨毛的表面溶合、擴展後被吸收。

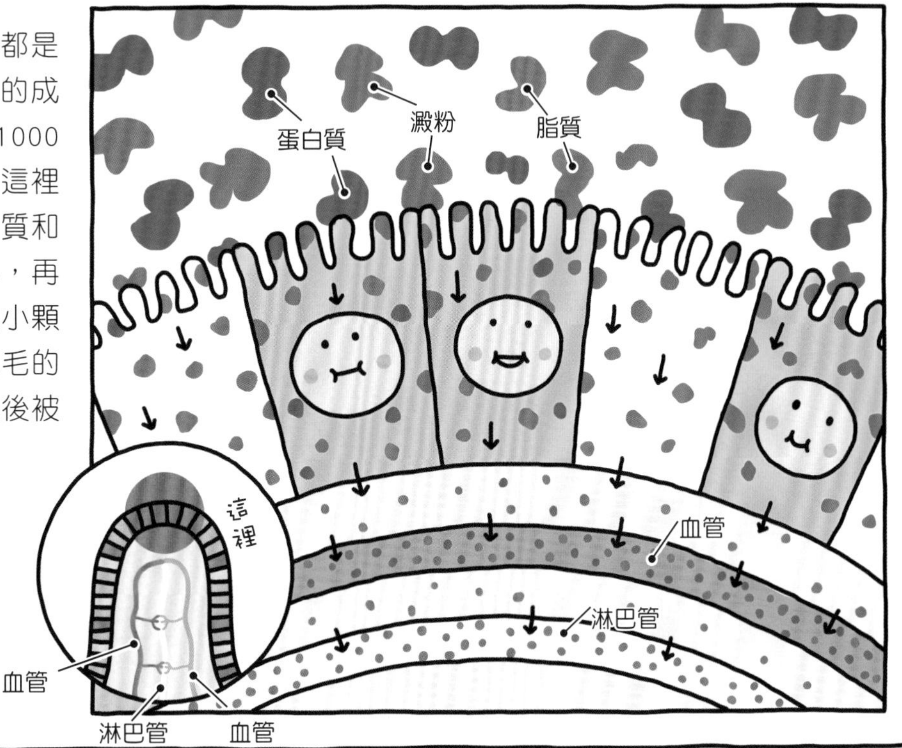

為什麼會「腹瀉」呢？

吃壞肚子，糞便的水分變多，就會形成「腹瀉」，還可能鬧肚子疼而跑廁所。腹瀉的發生，是因為要將壞東西排出體外的機能啟動了。讓我們來看看它的運作吧！

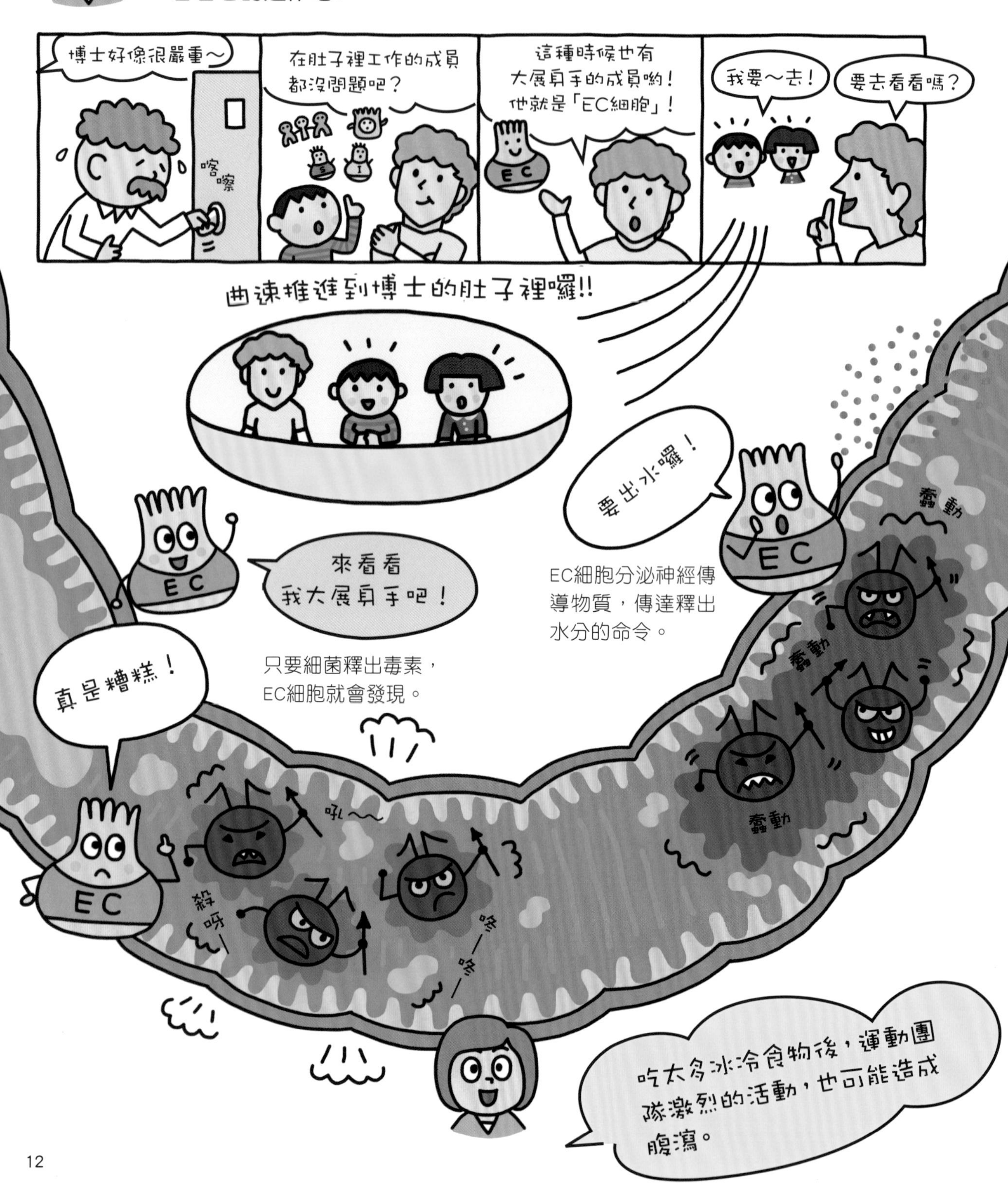

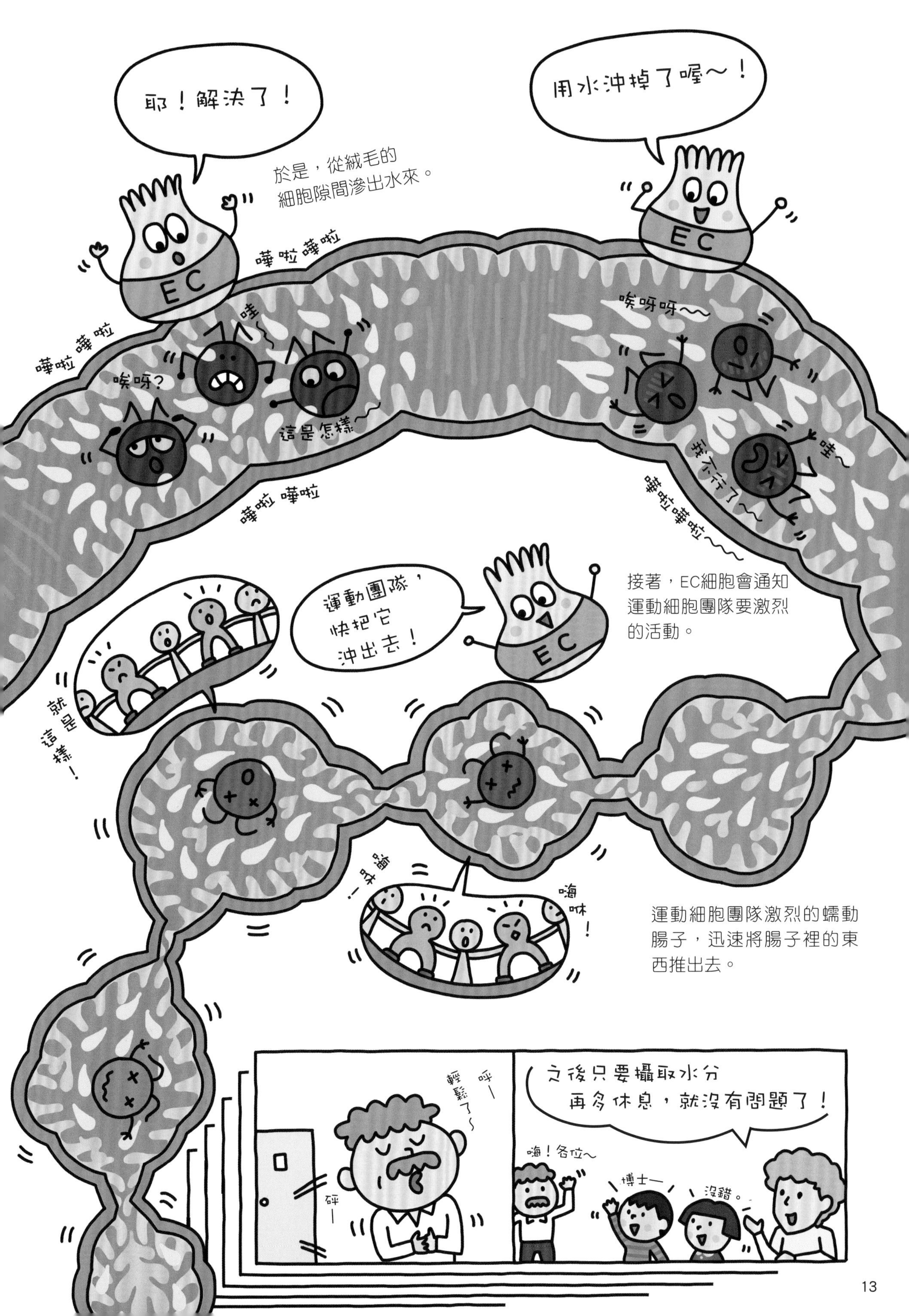
耶！解決了！
用水沖掉了喔～！
於是，從絨毛的
細胞隙間滲出水來。
嘩啦嘩啦
嘩啦嘩啦
哇
唉呀？
這是怎樣～
唉呀呀～～
我不行了～
哇～
嘩啦嘩啦～
嘩啦 嘩啦
運動團隊，
快把它
沖出去！
接著，EC細胞會通知
運動細胞團隊要激烈
的活動。
就是這樣！
嗨咻！
嗨咻！
運動細胞團隊激烈的蠕動
腸子，迅速將腸子裡的東
西推出去。
呼—
輕鬆了～
砰—
之後只要攝取水分
再多休息，就沒有問題了！
嗨！各位～
博士—
沒錯。

S
I
EC
大家都很努力工作呢。
壞菌應該嚇到了吧！
因為眼睛看不見，所以，不管是好菌還是壞菌，每天都有各種細菌進入肚子裡面。
哇—哇—
0個
1天
100億個
剛出生的嬰兒肚子裡並沒有細菌，但是經過1天後，就有100億個左右的細菌存在肚子裡了。
他不是只有喝奶嗎？
世界上充滿看不見的細菌！
為了守護身體，避免受到各種入侵的細菌的危害，腸子正在默默工作著。

各種東西都會進到裡面來的腸子，正在用各式各樣的方法避免細菌或病毒進入體內。這樣的機能大致分為4個。

1 用黏稠的腸壁守護

絨毛內部住著以黏液覆蓋腸子表面的成員。釋出黏液可以讓細菌無法進入，有時也會捕捉細菌，往肛門送出。黏液的量1天甚至可達到1.5～3公升。

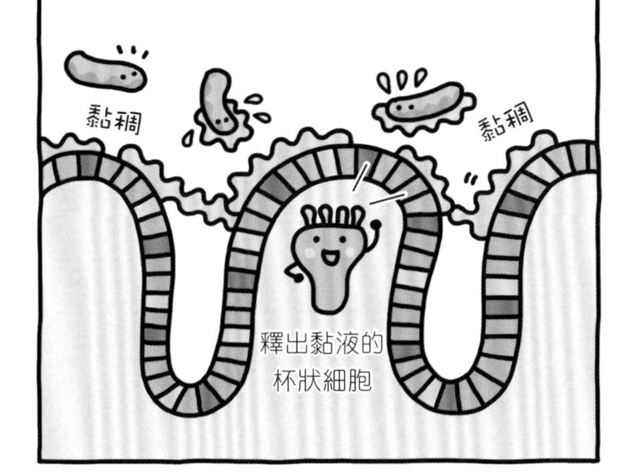

2 用茂密的叢林守護

並排在絨毛之中的成員，全都擁有大量的細毛。因為並排得非常緊密，細菌等想要避開它們進入深處，都非常困難喔！

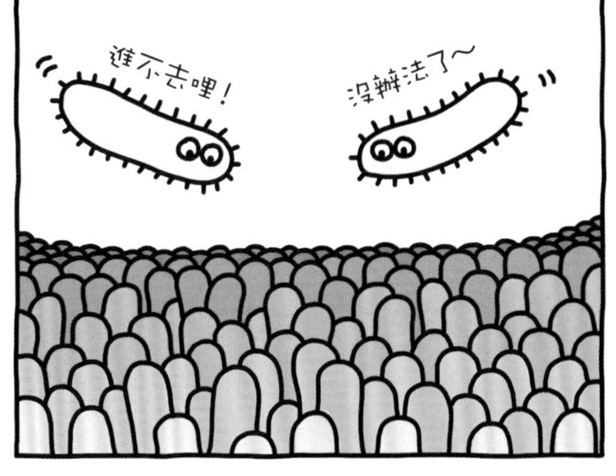

3 用不停殺菌守護！

絨毛根部的深處有潘氏細胞，他會分泌有殺菌作用的液體，例如眼淚中也含有的「溶菌酶」。經常分泌這種液體，可以清潔腸子的表面。

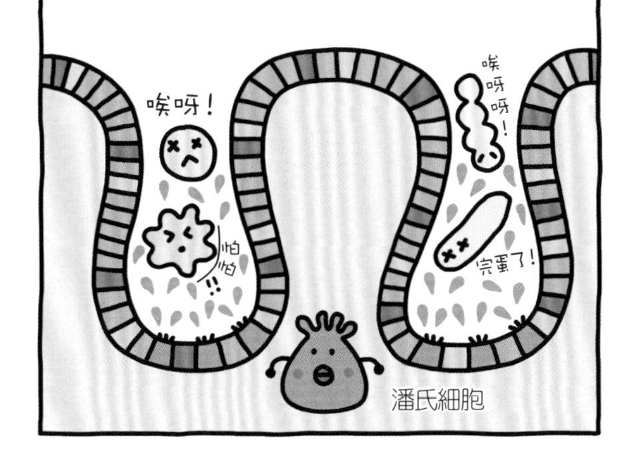

4 用龐大「殲滅隊」守護

絨毛根部的間隙住著捕捉細菌和病毒的成員，它的下面還聚集了分解細菌和病毒的成員、根據敵人種類製作武器的成員等，可以殲滅細菌和病毒。腸子有身體中最多的「殲滅隊」，時時嚴加防備著。

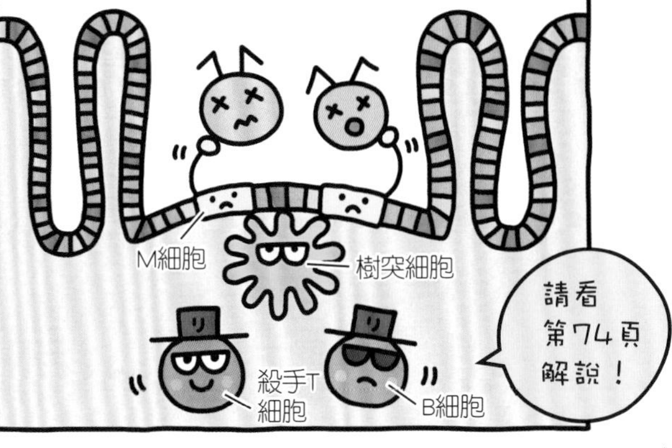

請看
第74頁
解說！

SOS 2 膝蓋擦傷了！

唉呀！
哇！
痛痛痛—
咻—

1
看起來是嚴重擦傷哩！
怎麼辦？
流血了～
好痛哦～受不了了啦～
2
用水充分洗淨……
再貼上彈性較好的OK繃，就可以了！
3
如果血液是透明的，就不會那麼可怕了。
嗯……為什麼一受傷就會流血呢？
4
要不要來看看傷口是怎麼痊癒的呢？那就先來認識血液到底是什麼吧！

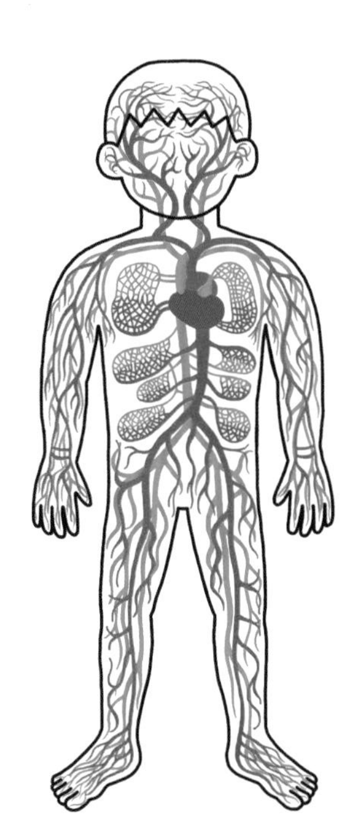

為什麼一受傷就會流血？

血管就像網眼一樣布滿身體的每個角落，因為，它的作用就是讓血液把必需的氧氣和養分運送到身體各部分。

覆蓋著身體的皮膚的正下方，有許多細如毛髮的微血管通過。

因為受傷而造成微血管破損，就會流血。

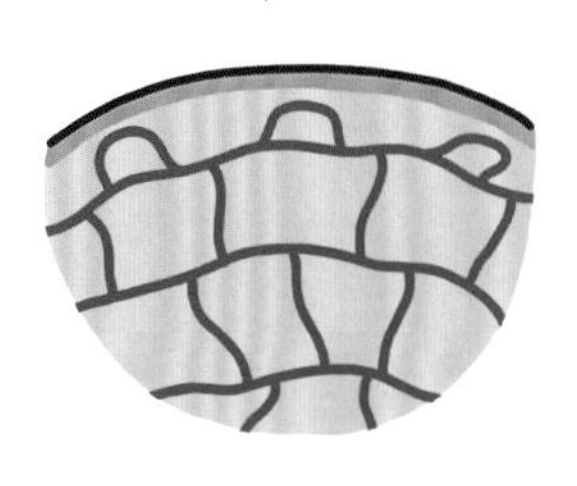

血液為什麼是紅色的？

55%
血漿
45%
血球

血液是由像水一樣、名叫「血漿」的東西，還有名叫「血球」的許多顆粒所組成。這些顆粒大部分都是紅色的「紅血球」，所以血液看起來是紅色的。

走吧！讓我們前往SOS現場看看吧！

前進下一頁!!

受傷後5～6分鐘

看看身體怎麼止血

血液一直流個不停，對身體是很嚴重的事情。為了快速止血，血小板就會大展身手喔！

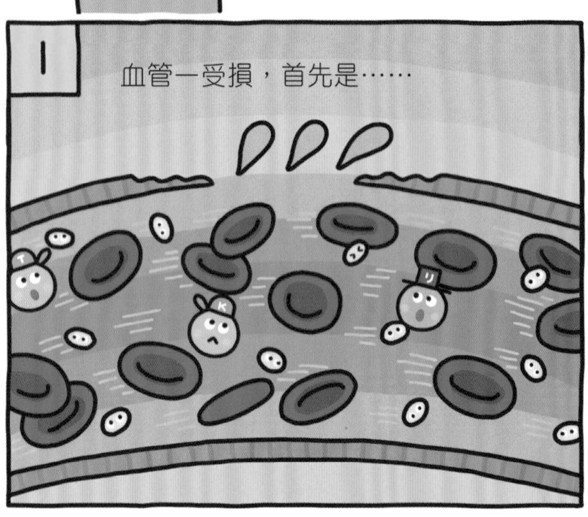

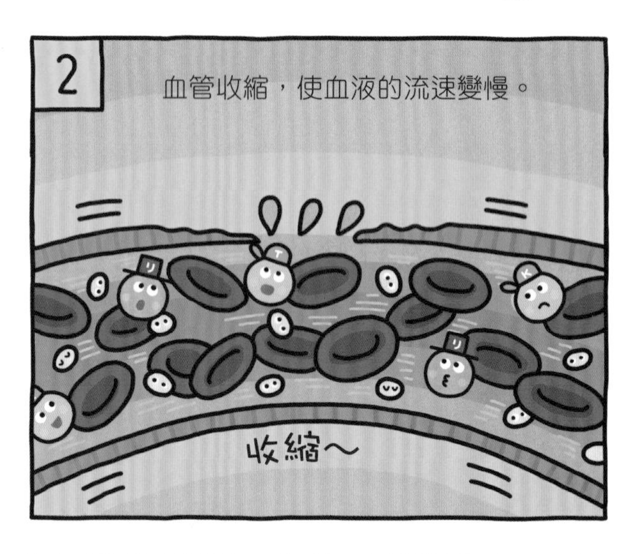

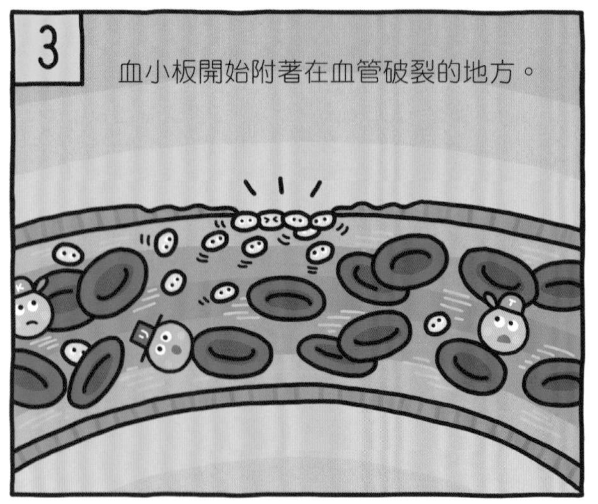

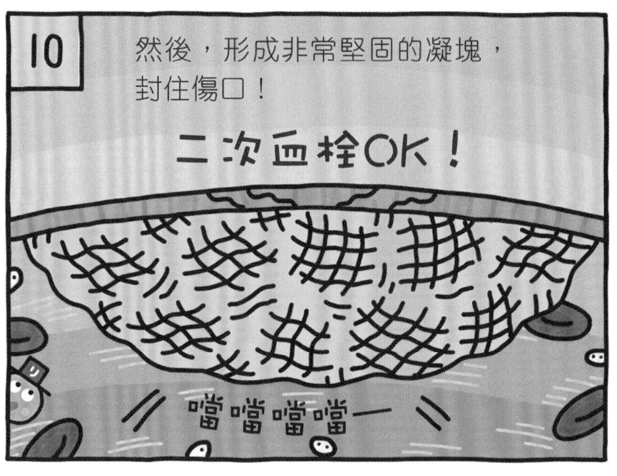

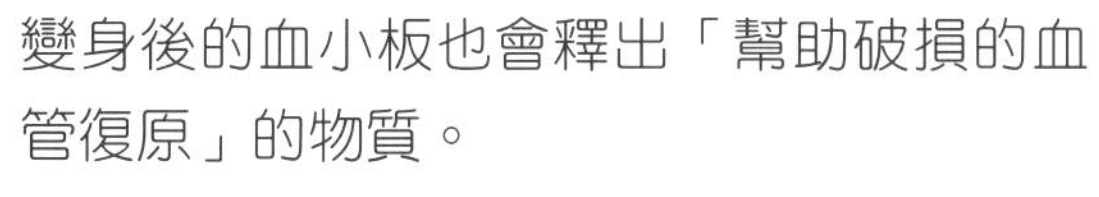
變身後的血小板也會釋出「幫助破損的血管復原」的物質。

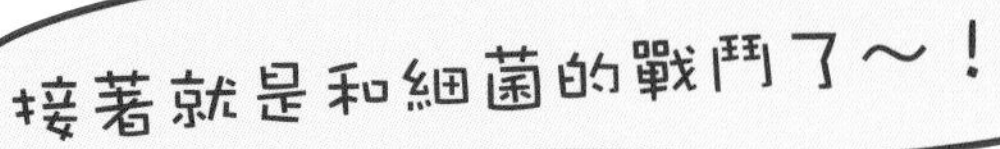

受傷後4～5天

細菌如果來到傷口的地方，身體就會努力防禦，以免細菌入侵。

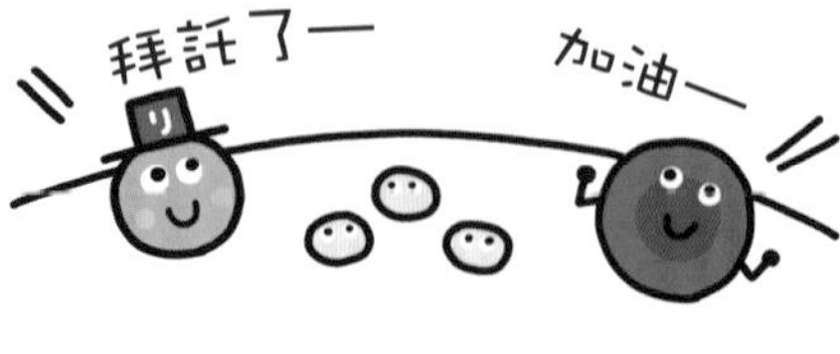

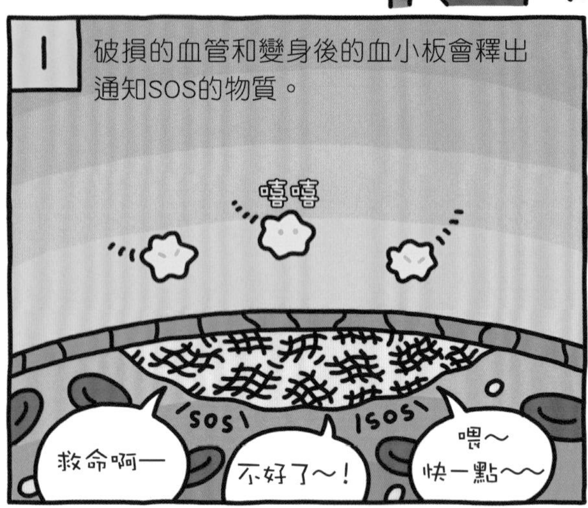

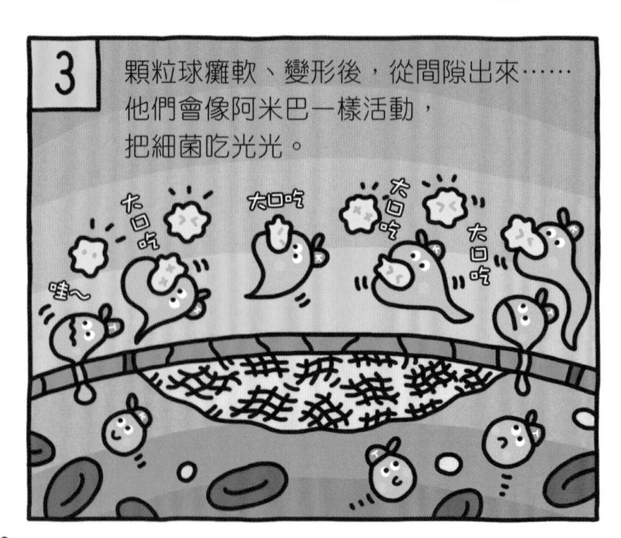

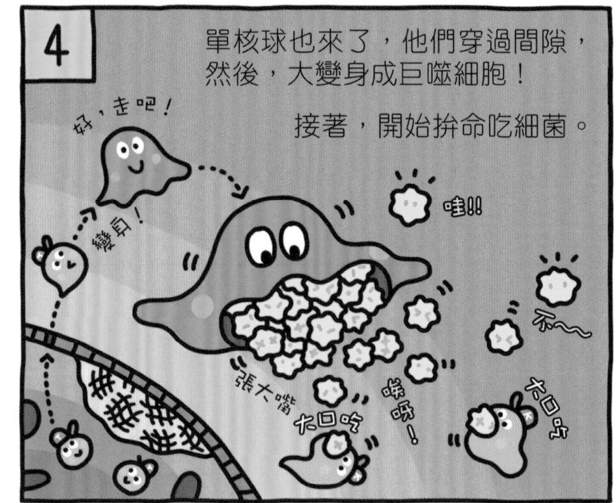

細菌和白血球戰鬥的狀態就叫做「發炎」。因為血管擴張，傷口的周圍變紅，顆粒球、巨噬細胞、血液中的水分也大量滲出，所以傷口的周圍就會腫脹起來。

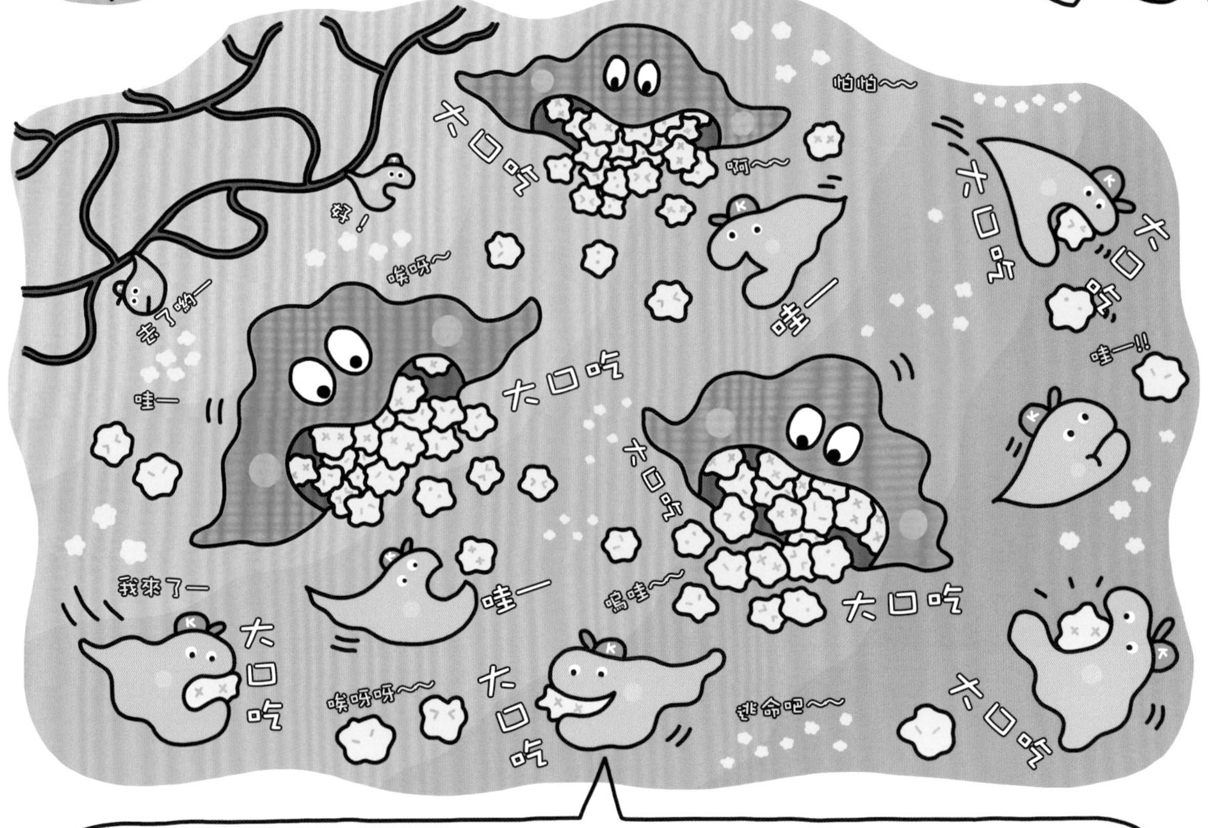

顆粒球吃掉細菌後就會死亡。顆粒球的壽命是很短的。

受傷後1～2個星期

修補傷口，恢復原狀

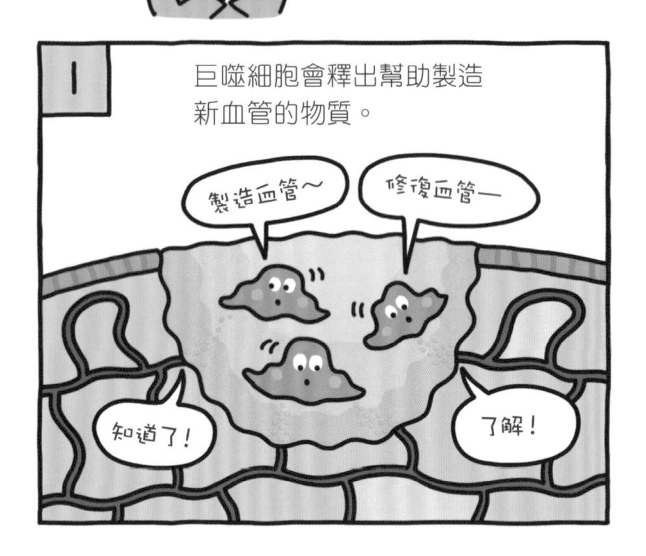

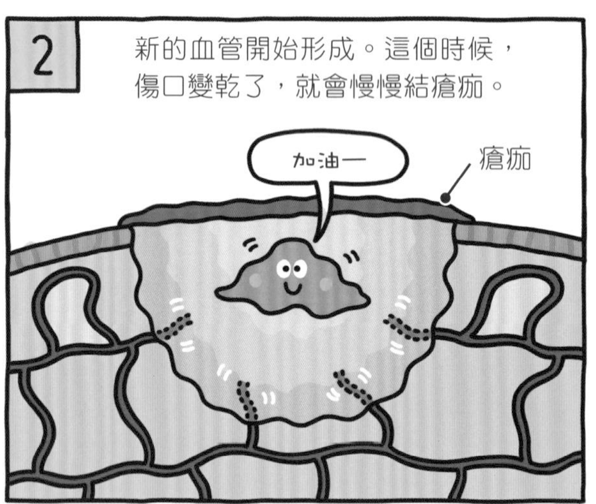

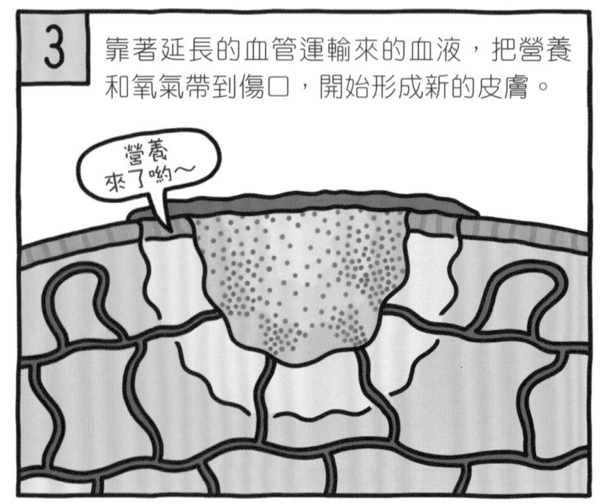

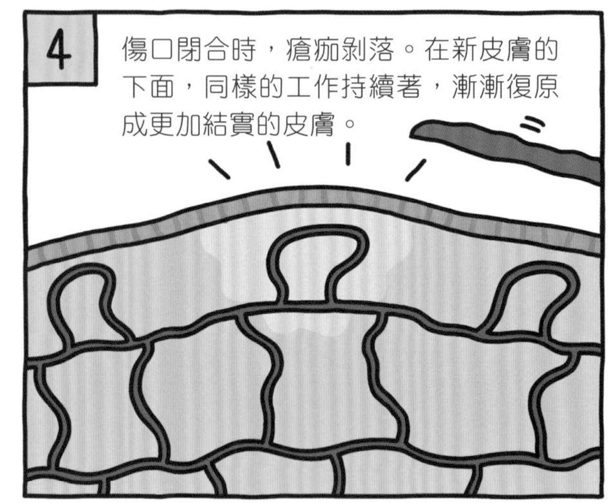

5
瘡痂發癢，
好像要
剝落了。
痊癒了。
真是太好了！

6
為了治癒傷口而
釋出的「組織
胺」物質刺激到
神經，所以才會
覺得癢。
哦～
強行剝除
的話，傷口
會好得
更慢喔！

7
沒錯！
嗯、嗯。
不可以剝除瘡痂喔！
那就太對不起幫忙治療
傷口的他們了。

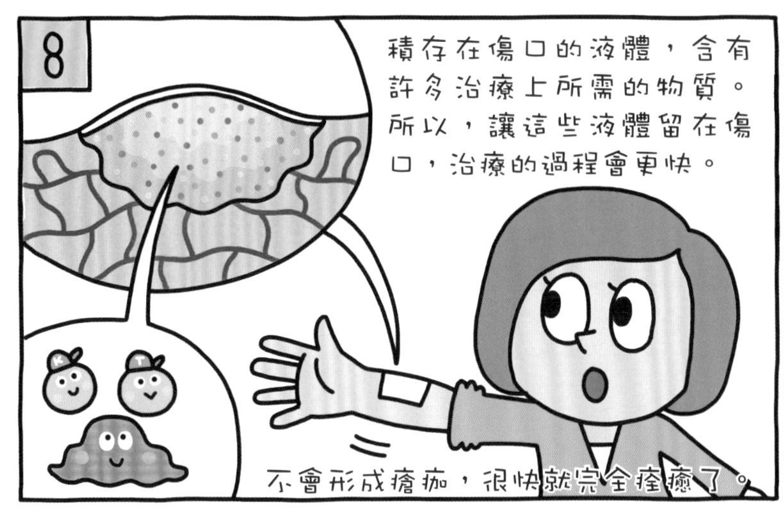
8
積存在傷口的液體，含有
許多治療上所需的物質。
所以，讓這些液體留在傷
口，治療的過程會更快。
不會形成瘡痂，很快就完全痊癒了。

我好了——！！
走吧！去玩躲避球囉！

SOS 3 馬拉松跑到沒力～！

肌肉是怎樣的構造？

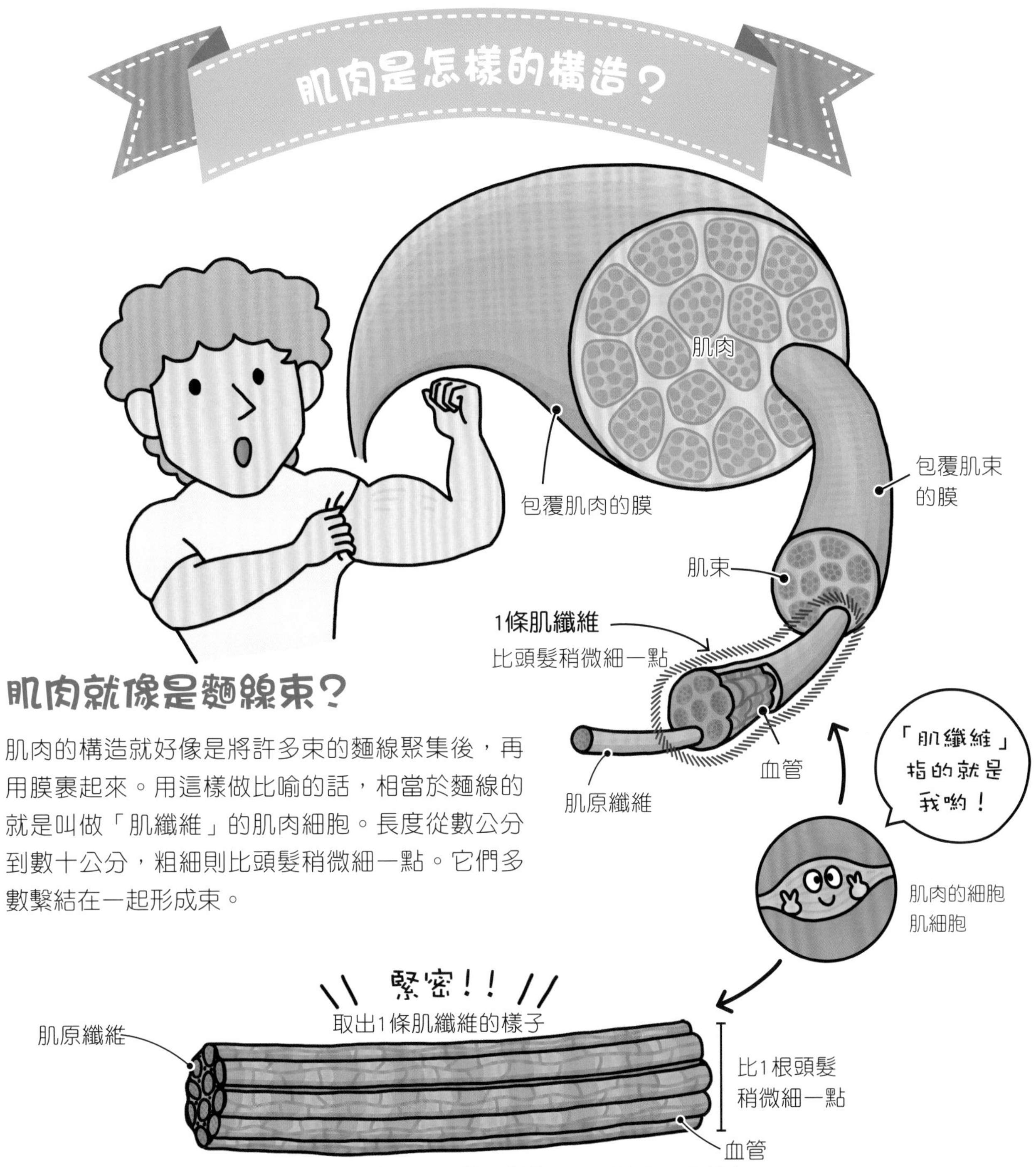

肌肉就像是麵線束？

肌肉的構造就好像是將許多束的麵線聚集後，再用膜裹起來。用這樣做比喻的話，相當於麵線的就是叫做「肌纖維」的肌肉細胞。長度從數公分到數十公分，粗細則比頭髮稍微細一點。它們多數繫結在一起形成束。

※不同部位的肌纖維長度也不一樣，從數公分到數十公分都有。

肌肉細胞中有緊密的肌原纖維！

肌肉細胞內，緊緊塞滿數百條更細、被叫做「肌原纖維」的微米纖維。

也就是說，肌肉是由數百條的肌原纖維形成束，再由數十萬條這樣的束聚集而形成。身體就是靠著這數千萬條纖維的伸縮來活動。

交疊的肌小節

肌肉中的肌原纖維，是由短短的肌小節連繫所形成。肌小節只在相接處重疊，所以彼此可以互相滑入般的活動。

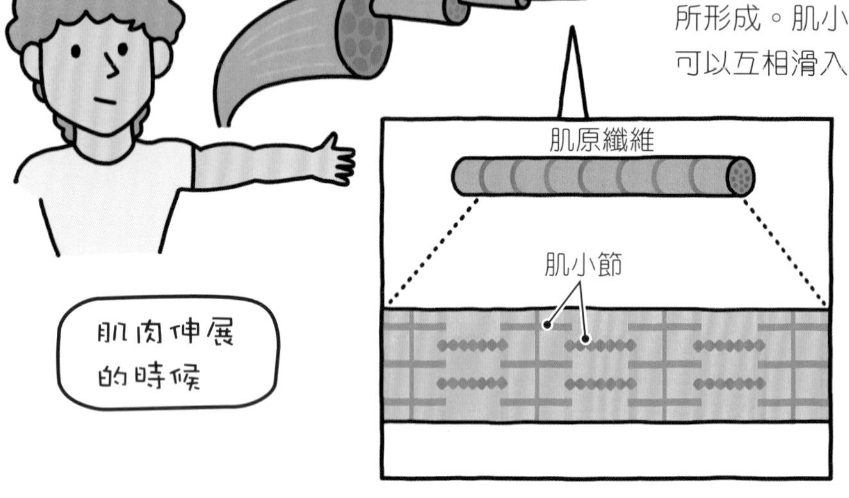

滑入收縮

肌肉收縮時，肌小節在相接處會滑動，成為互相深入的樣子，這時整體就會變短了。伸展時回復原狀，整體的長度也回復原狀。

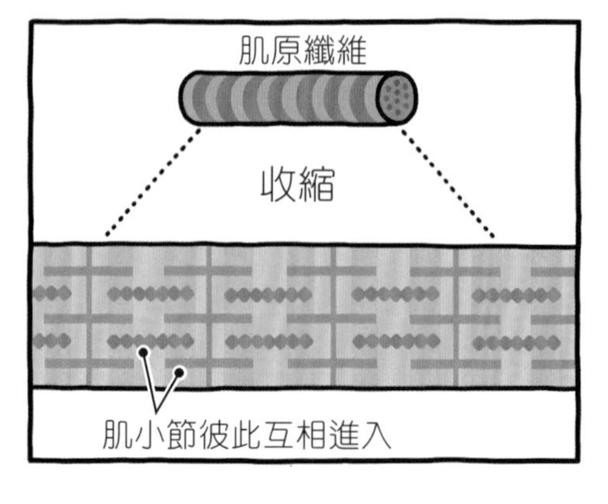

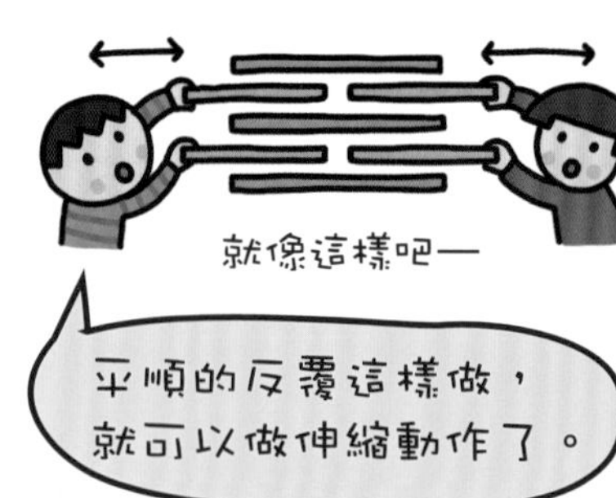

讓肌肉活動的能量

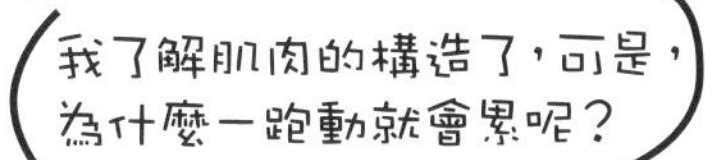

引擎空轉就是，只讓引擎運轉，以便隨時可以啟動。

平常時的身體

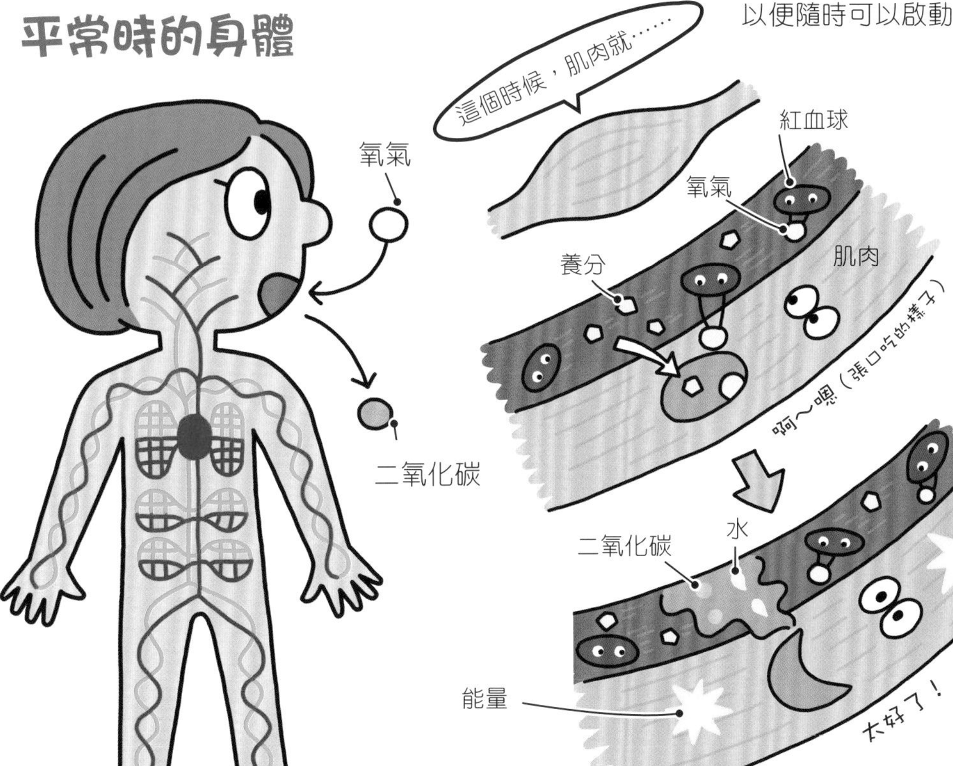

吸入氧氣，呼出二氧化碳。

吸入的氧氣會由血液中的紅血球運送到全身。從食物攝取的葡萄糖等養分，也是以溶在血液中的形態運送，然後送到肌肉的細胞中。

細胞在自己內部的工廠裡，靠著氧氣和葡萄糖製造能量。製造過程中也會生產二氧化碳和水，所以也要把它們運送到血液中，帶到身體外面。

能量工廠，全速運轉！

跑步的時候，為了活動肌肉，需要大量的能量。因為細胞中的工廠要全速運轉來製造能量，整個身體都會連動起來努力工作。

就和高速駕駛一樣。

汽車高速行進時會使用大量汽油，讓引擎不斷運轉。

跑步時的身體

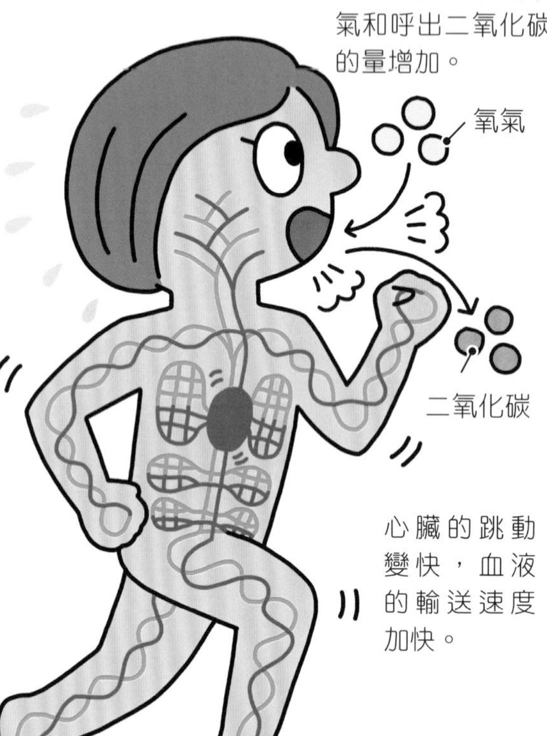

呼吸變快，吸進氧氣和呼出二氧化碳的量增加。

心臟的跳動變快，血液的輸送速度加快。

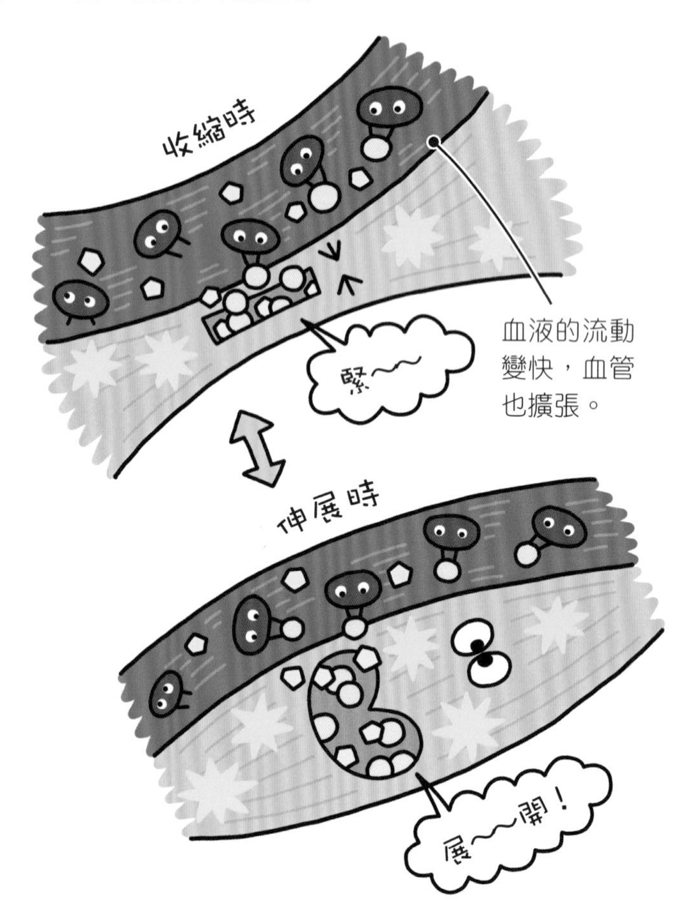

血液的流動變快，血管也擴張。

持續活動肌肉的時候，原本儲藏在肌肉中的、製造能量用的葡萄糖不斷被消耗。血液運送而來的氧氣不斷被帶進來，全速運轉以持續製造能量。

用有點喘的速度跑步時……
加油一
戰鬥
跑～
肌肉的工廠正在製造比平常高7～8倍的能量。
跑步的時候，不只是腳，整個身體都很忙碌哩！
肌肉的工廠全速運轉，心臟撲通、撲通跳，血液也快速循環呢。
還不只這樣喔！工廠在製造能量時也會產生熱。越是全速運轉，就有越多的熱產生。
結果會怎樣呢？工廠的熱如果造成體溫上升，又會怎樣呢？
人類的體溫大概在攝氏37度，升高到40度左右的話，頭腦和內臟就無法好好工作了。
哇一那可糟了！
該怎麼辦才好呢？

流汗降低體溫

體溫一上升就會開始流汗。因為汗水蒸發、變乾時，會帶走皮膚的溫度，身體表面的溫度就會下降。要讓體溫保持在攝氏37度左右，流汗是很重要的身體機能呢。

用頭腦面的「遙控器」調節體溫

腦的正中央有個感覺體溫的地方會進行控制，讓身體能夠一直保持在「剛好的溫度」。平常設定的溫度是攝氏37度左右，高出這個溫度的話，它就會對全身的汗腺（出汗的地方）發出「製造、釋出汗水」的命令。另外，還會擴張接近皮膚表面的血管，以降低血液的溫度。

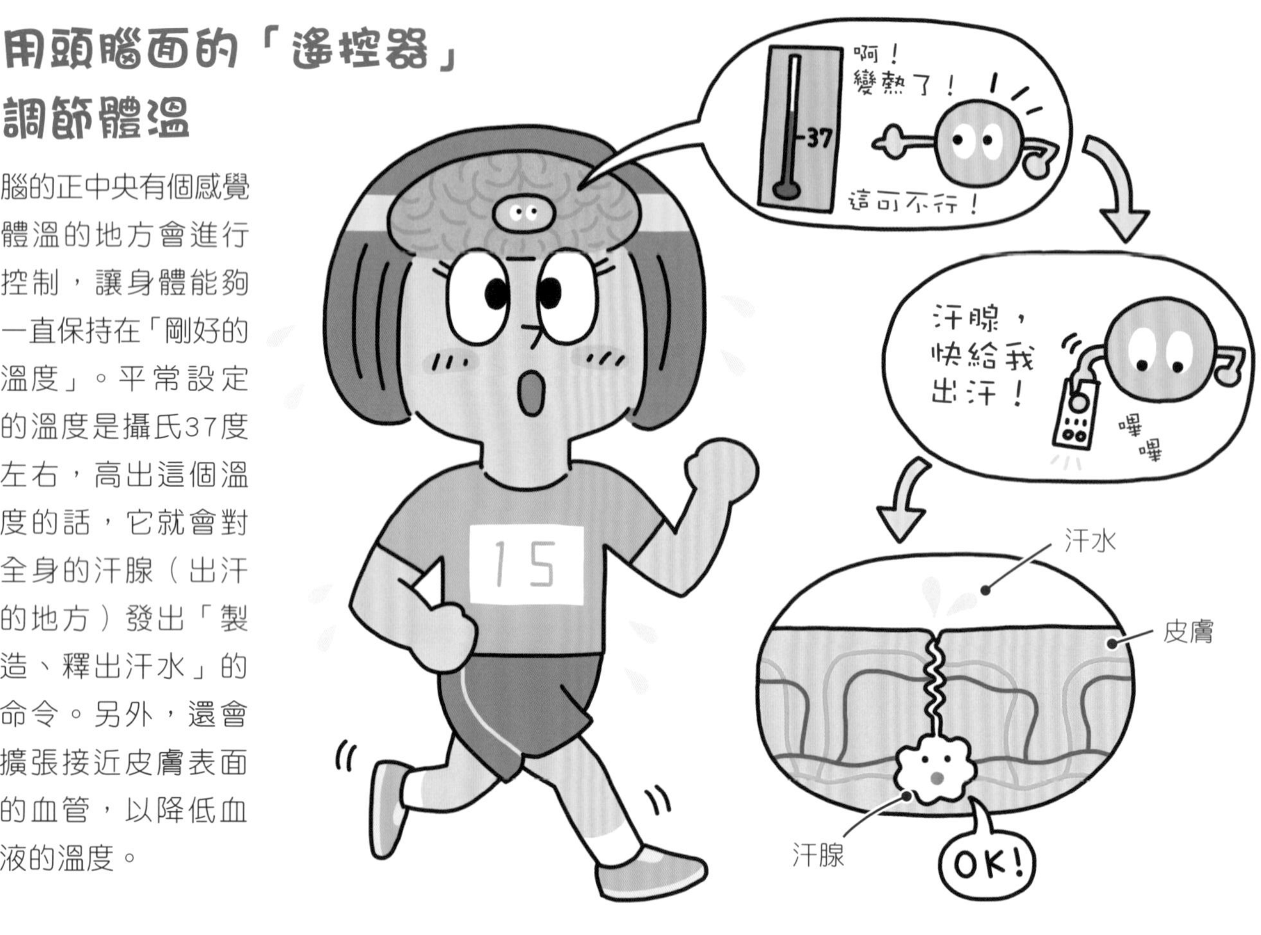

汗水就像身體的「馬路灑水」

天氣炎熱時用水潑灑在馬路上，就叫做「馬路灑水」。這是利用「水蒸發時會帶走地面的熱而變得涼爽」的原理。

汗水也是以相同的原理來冷卻身體。身體中有200萬～600萬的汗腺，體重70公斤的人如果流出100毫升的汗水，就可以防止體溫上升1度。

只有人類能跑馬拉松嗎？

流汗是人類特有的構造。狗和貓的汗腺非常少，都會靠張開嘴巴呼吸來降低體溫，所以很容易過熱，無法長時間跑動。大概可以說，在夏天能夠跑2～3個小時馬拉松的，應該就只有人類了。

手掌上出的汗是？

在腋下、手掌、腳底另有不同種類的汗腺，和天氣炎熱時出汗的汗腺不一樣。緊張的時候，手掌或腳底也會出汗，不過這些汗水幾乎沒有調節體溫的功能。腋下的汗水也不像整個身體的出汗那麼多。

請在口渴前喝水

在氣溫35度下跑步，據說1個小時會流出高達1～2公升的汗水。當過度流汗導致體內的水分減少，為了防止血液變得黏稠，頭腦就會發出讓汗水不再流出的命令，於是體溫就會逐漸升高。當你感覺喉嚨乾渴時，大多是身體水分已經變少的情況，所以經常飲水非常重要。

只是跑個步卻要用到腦部、用到汗腺，結果水分變得不足……當然會累趴啊！

跑馬拉松會用掉原先儲藏在肌肉中的葡萄糖，氧氣也會漸漸變得不夠，所以就無法製造肌肉伸縮所需要的能量了。

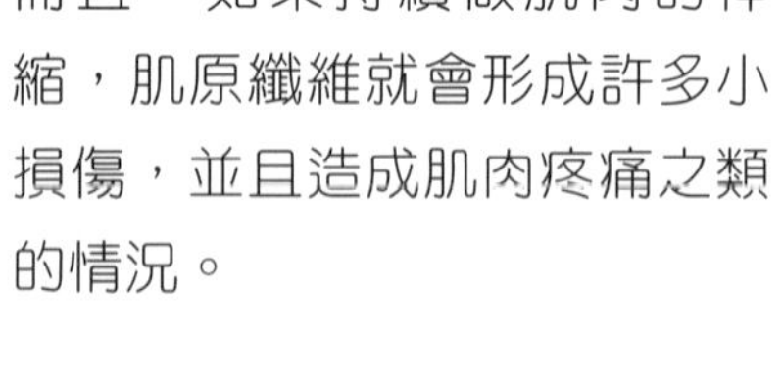

而且，如果持續做肌肉的伸縮，肌原纖維就會形成許多小損傷，並且造成肌肉疼痛之類的情況。

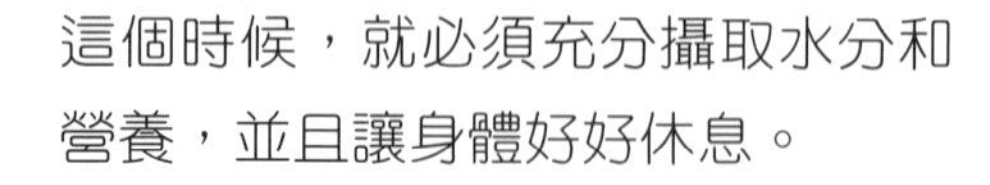

這個時候，就必須充分攝取水分和營養，並且讓身體好好休息。

走囉！再去跑一跑！
腦部的
體溫調節
OK!
水分OK!
血液中
肌肉中的
葡萄糖儲存量
OK!
15
受傷的肌纖維
開始修復了。
OK!
能量工廠，
產能充足。
OK!
不要勉強喔～
小心點喔～
哇～
搖
搖

SOS 4 不小心骨折了！

你怎麼了？

1
前不久參加山路越野賽，不小心絆到樹根，摔了一跤。
2
摔跤當時，我的手先撐到地上，結果手骨就斷了。
這真是太慘了—
3
沒有辦法跑完全程才可惜哩！
必須好一陣子都保持這樣了。
骨頭就算摔斷了，還是可以接回去吧！
4
要不要去看看骨骼是怎樣復原的啊？
要！

骨骼是怎樣的構造？

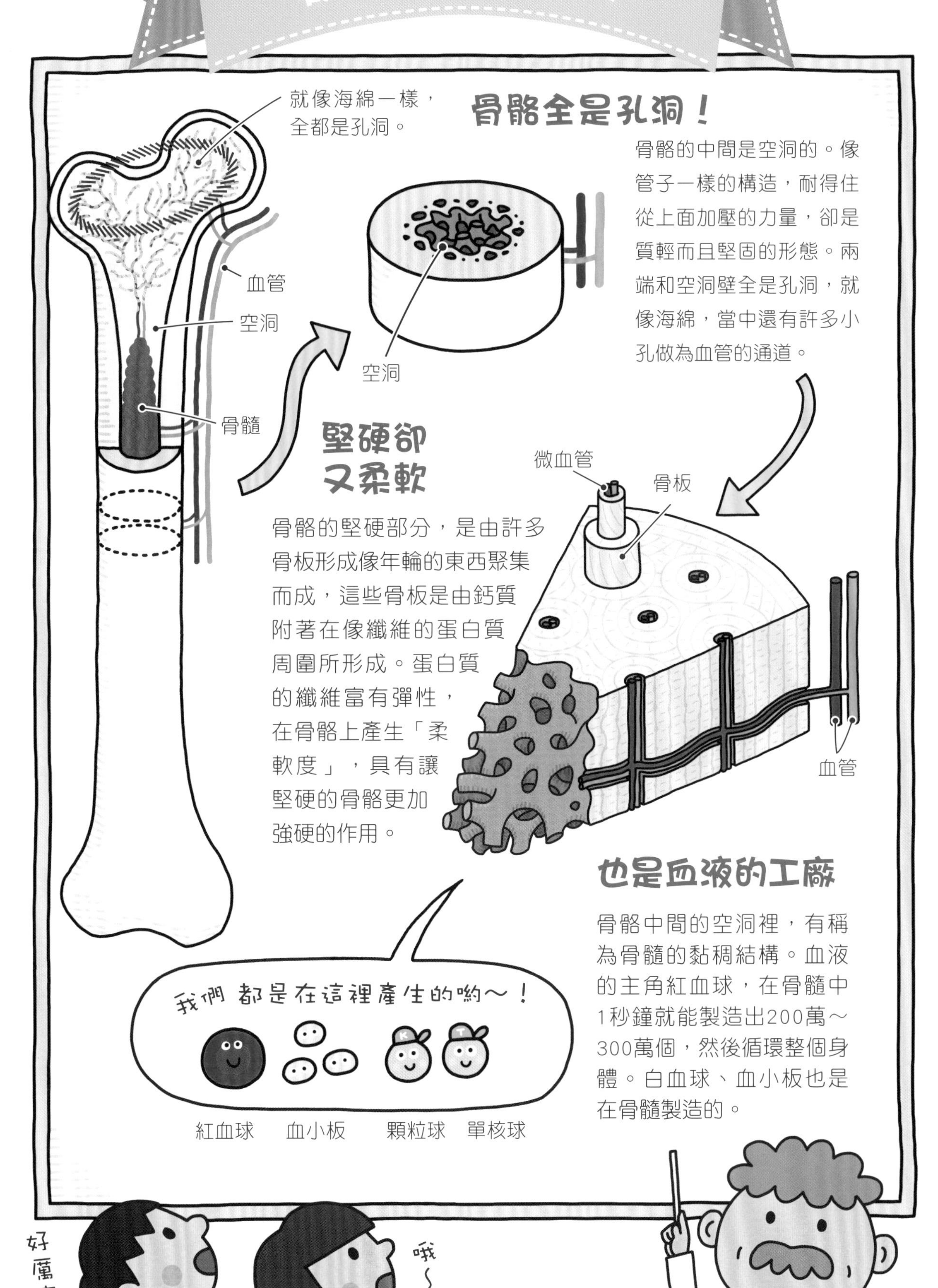

骨骼全是孔洞！

骨骼的中間是空洞的。像管子一樣的構造，耐得住從上面加壓的力量，卻是質輕而且堅固的形態。兩端和空洞壁全是孔洞，就像海綿，當中還有許多小孔做為血管的通道。

堅硬卻又柔軟

骨骼的堅硬部分，是由許多骨板形成像年輪的東西聚集而成，這些骨板是由鈣質附著在像纖維的蛋白質周圍所形成。蛋白質的纖維富有彈性，在骨骼上產生「柔軟度」，具有讓堅硬的骨骼更加強硬的作用。

也是血液的工廠

骨骼中間的空洞裡，有稱為骨髓的黏稠結構。血液的主角紅血球，在骨髓中1秒鐘就能製造出200萬～300萬個，然後循環整個身體。白血球、血小板也是在骨髓製造的。

骨骼一直在換新

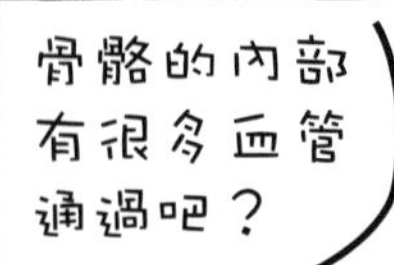

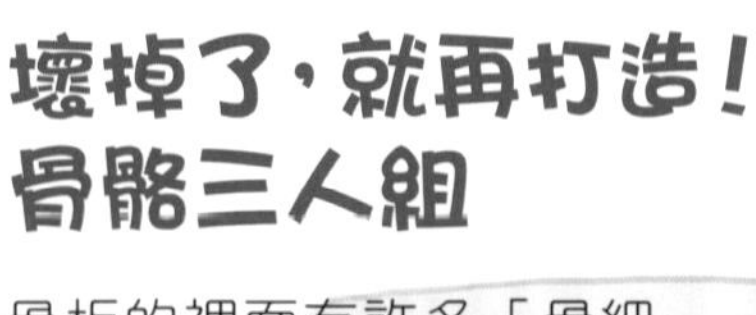

壞掉了，就再打造！骨骼三人組

骨板的裡面有許多「骨細胞」手牽手的生活著。骨板年輪的內側壁上，有溶化骨骼的「破骨細胞」，還有把已溶化的部分換新的「成骨細胞」。在破骨細胞、成骨細胞、骨細胞的攜手合作下，骨骼才能更新。

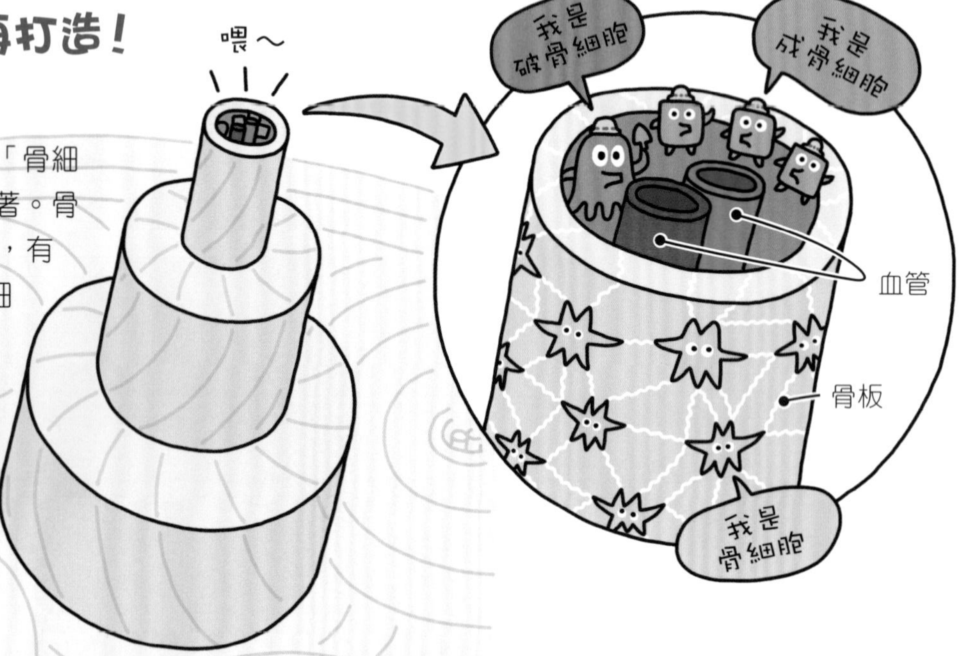

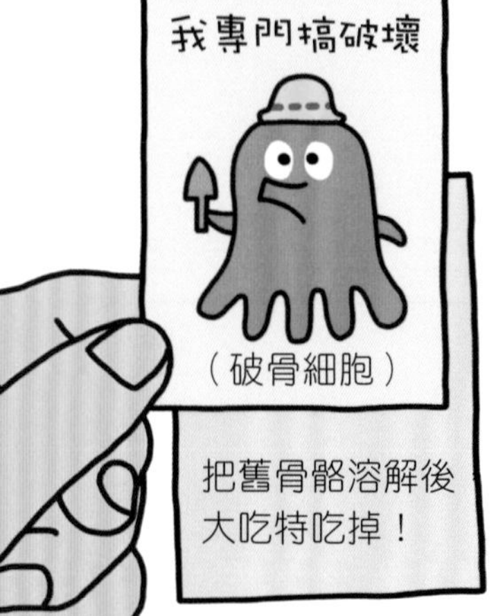

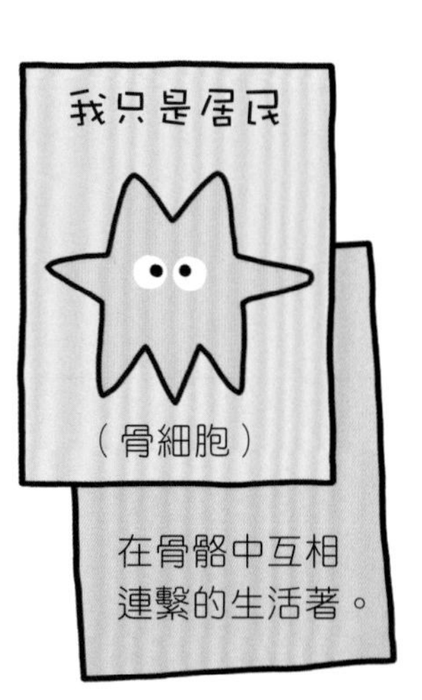

更新的骨骼①

破骨細胞溶化骨骼！

骨骼是鈣質的「倉庫」

肌肉伸縮、心臟怦怦跳，或是神經內部傳達情報的時候等等，身體各式各樣的反應，都會使用到鈣。因為是生存上不可缺少的成分，必須調節到可以在血液中經常保有足夠的量。而骨骼就像是儲存鈣質的倉庫，只要血液中的鈣質不足，破骨細胞就會溶解骨骼，取出鈣質。

重新的骨骼②

重新打造

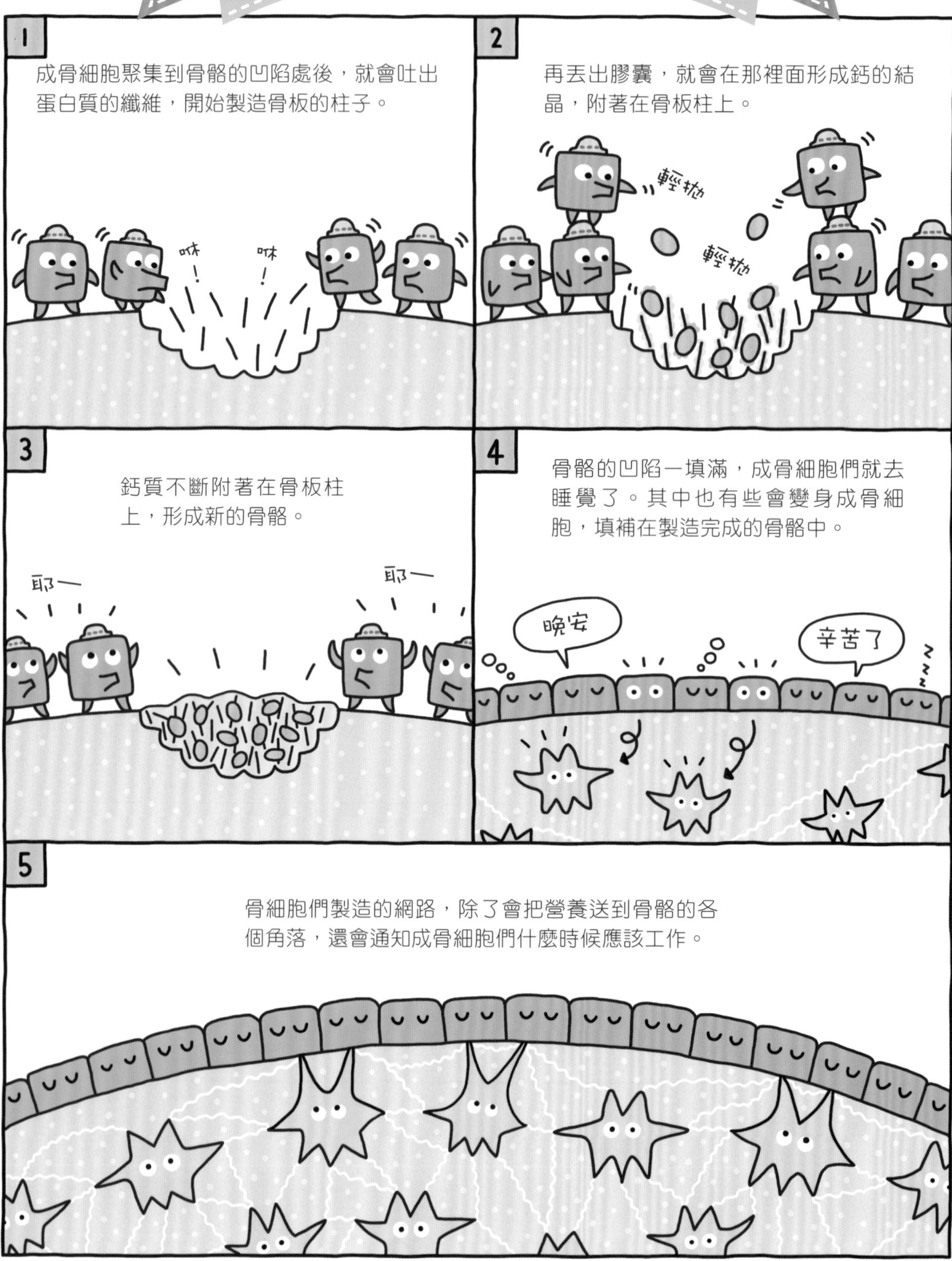
1
成骨細胞聚集到骨骼的凹陷處後，就會吐出蛋白質的纖維，開始製造骨板的柱子。
咻！
咻！
2
再丟出膠囊，就會在那裡面形成鈣的結晶，附著在骨板柱上。
輕拋
輕拋
3
鈣質不斷附著在骨板柱上，形成新的骨骼。
耶—
耶—
4
骨骼的凹陷一填滿，成骨細胞們就去睡覺了。其中也有些會變身成骨細胞，填補在製造完成的骨骼中。
晚安
辛苦了
5
骨細胞們製造的網路，除了會把營養送到骨骼的各個角落，還會通知成骨細胞們什麼時候應該工作。

骨骼竟然會更新。真是讓人吃驚！
如果是年輕人，1年中全身的骨骼大約有5分之1會做更新喔！
不只是更新，如果骨骼無法長大，那就傷腦筋了。
怎麼還不快點長高呀～
小孩子的骨骼成長構造有些不同，軟骨細胞會大展身手。
軟骨細胞
咦？我的腳骨中間斷了嗎？
用骨骼照相機看看吧！
軟骨細胞活躍中
我們去看看軟骨細胞怎麼發揮作用吧！
那不是斷了。這條線就是「軟骨細胞」，是身體長高的證據。

骨骼成長的原理

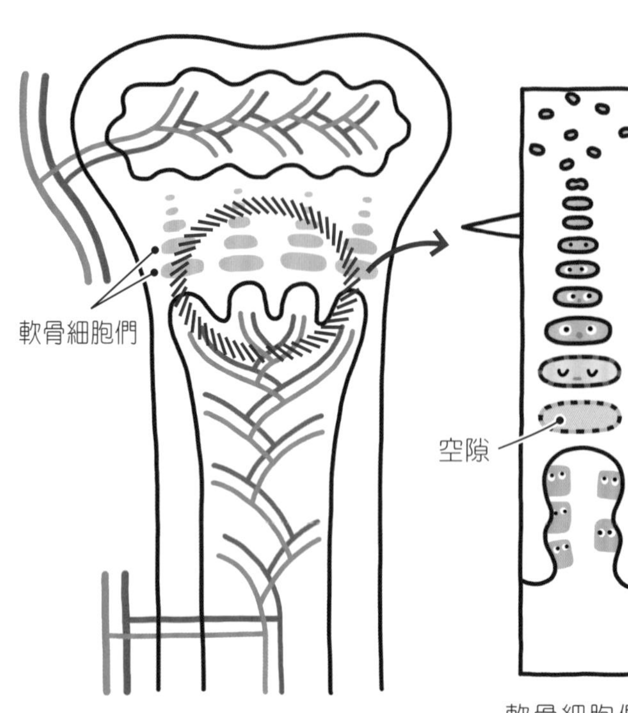

軟骨細胞釋出軟骨的成分，
開始形成軟骨。

軟骨細胞們分裂、增生後重疊，
漸漸形成軟骨。下方的老舊軟骨
細胞們老化、膨脹，最後破裂、
死亡。

成骨細胞來到軟骨細胞
死亡後形成的空隙……

開始製造骨骼。然後，
老舊軟骨就被新生的骨
骼取代。

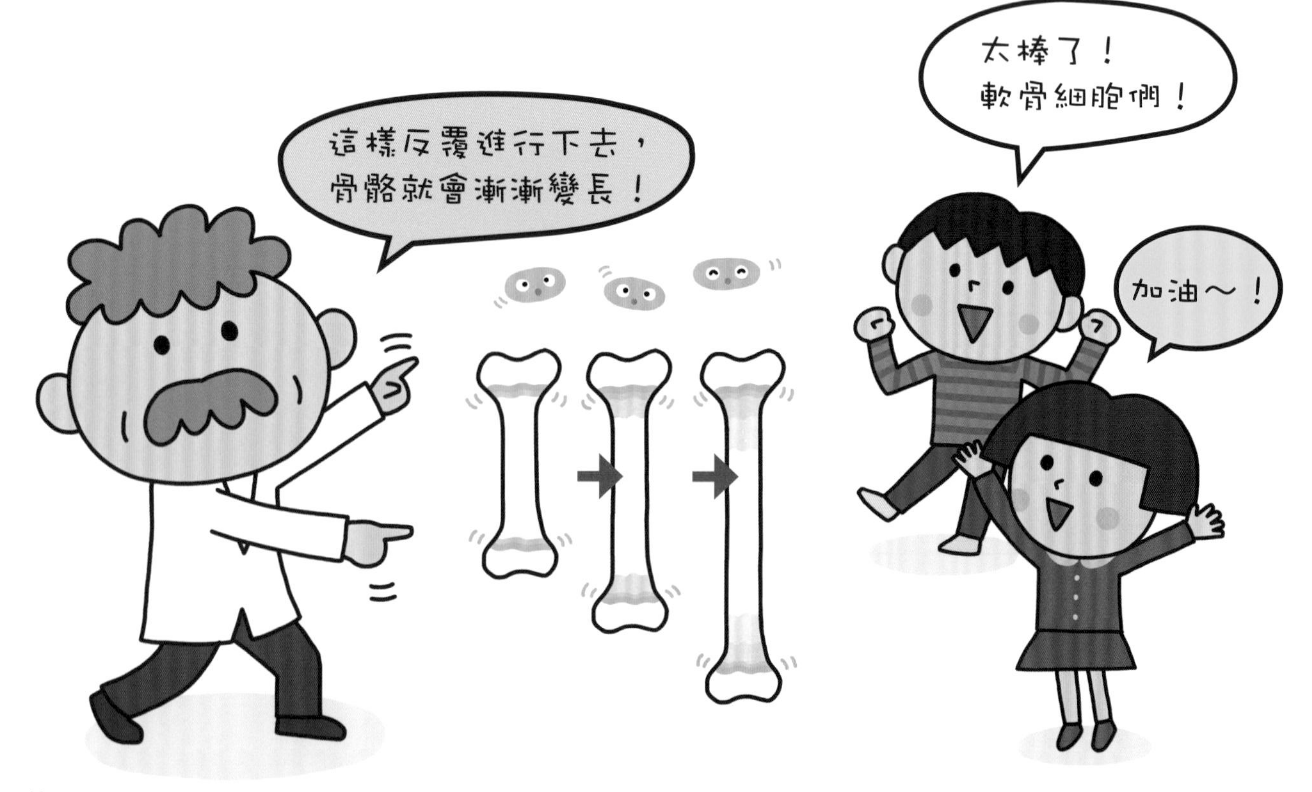

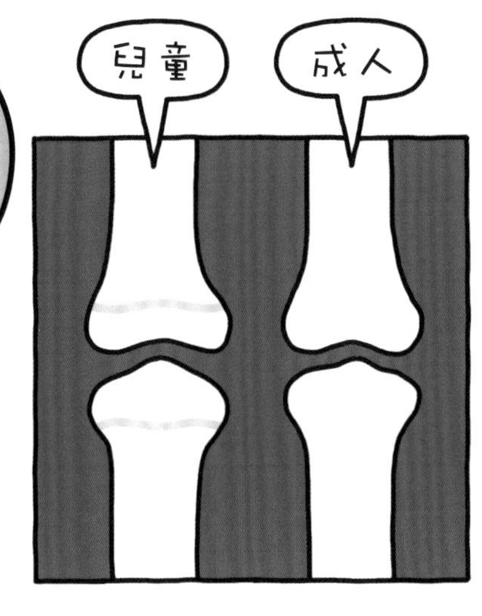

軟骨是柔軟又有彈性的組織，超過一半的成分都是水。軟骨在手肘和膝蓋等關節處，包裹著骨骼的末端，就像緩衝器一樣，柔軟的承受外部來的力量，保護骨骼。除了有連結骨骼與骨骼的功能，它還是骨骼發育完成前的「暫時骨骼」，和骨骼有密切的關係，不過，它沒有血管也沒有神經，所以和骨骼是完全不同的東西。

促使會拉長骨骼的軟骨細胞們開始工作的，是從腦部釋出的「生長激素」。生長激素對肝臟作用，肝臟就會釋出增加軟骨細胞的物質，促使骨骼成長。從開始睡著大約30分鐘之後，生長激素的分泌最多，時間上來說就是晚上10點到凌晨2點之間，所以晚上好好睡覺是非常重要的。

折斷的骨骼是怎麼痊癒的呢？

1

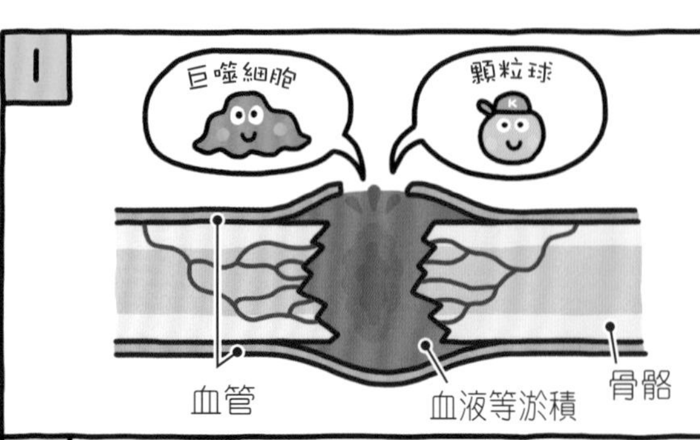

骨折、出血時，折斷部分的骨骼死亡，顆粒球和巨噬細胞就會把它吃掉，進行清理。

2

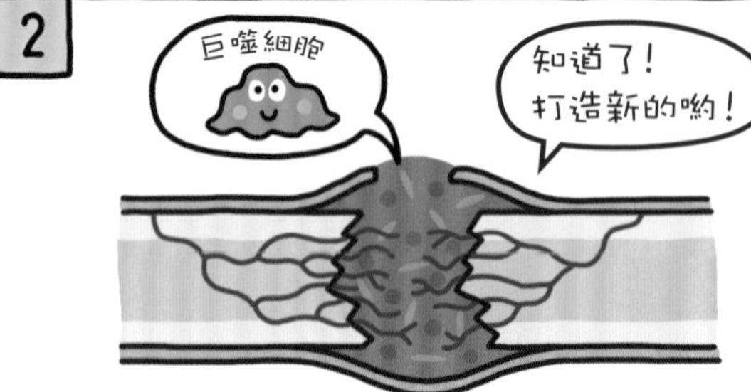

巨噬細胞開始工作、製造新血管，血管漸漸形成。

3

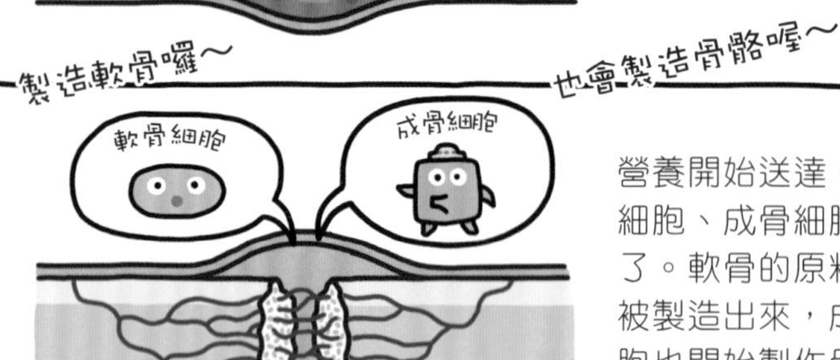

營養開始送達，軟骨細胞、成骨細胞都來了。軟骨的原料開始被製造出來，成骨細胞也開始製作骨骼的原料。

4

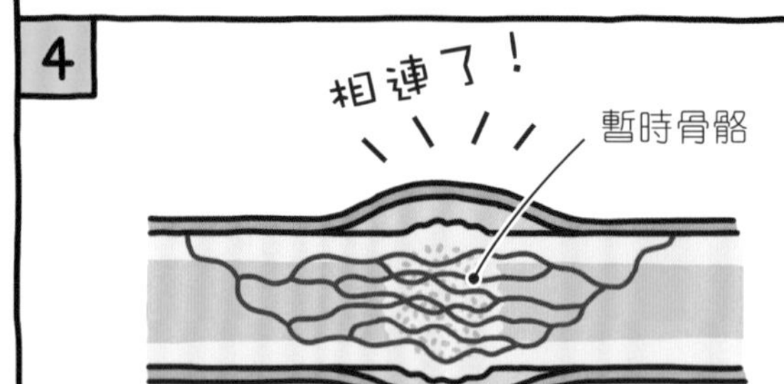

「暫時骨骼」形成，斷掉的部分相連接。因為被製造得稍微大一些，骨骼看起來變粗了。

5

破骨細胞來了，把多餘的骨骼溶掉。成骨細胞也把痕跡整理乾淨。這樣反覆進行後，就會回復到本來的樣子。

想要幫助骨骼成長……

攝取充足的鈣質和蛋白質！

常運動，好好使用骨骼。

睡飽，分泌生長激素。

SOS 5 好可怕的蛀牙！

怎麼了？
在學校的健康檢查時發現蛀牙了。
啊～……

1
也沒有非常痛啦！應該還可以不用看醫生吧…。
2
沒有放著不管就會自己好的蛀牙喔！
3
受傷了傷口會癒合，骨骼斷掉了也會復原，不是嗎？
為什麼蛀牙不會自然痊癒呢？
4
跟我來一場牙齒大探險吧？
喀啦喀啦
博士！

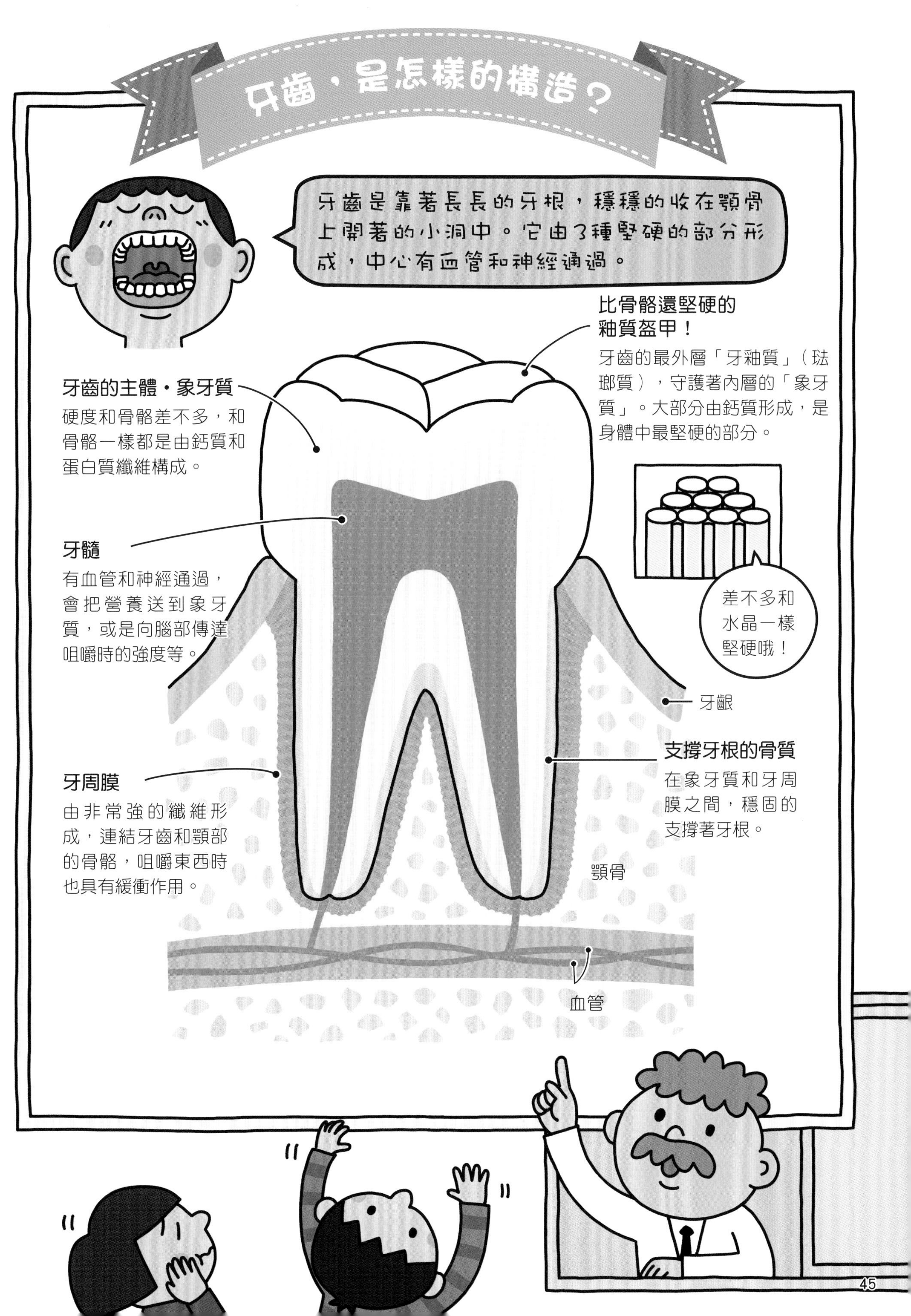
牙齒，是怎樣的構造？
牙齒是靠著長長的牙根，穩穩的收在顎骨上開著的小洞中。它由3種堅硬的部分形成，中心有血管和神經通過。
比骨骼還堅硬的釉質盔甲！
牙齒的最外層「牙釉質」（琺瑯質），守護著內層的「象牙質」。大部分由鈣質形成，是身體中最堅硬的部分。
牙齒的主體・象牙質
硬度和骨骼差不多，和骨骼一樣都是由鈣質和蛋白質纖維構成。
牙髓
有血管和神經通過，會把營養送到象牙質，或是向腦部傳達咀嚼時的強度等。
差不多和水晶一樣堅硬哦！
牙齦
支撐牙根的骨質
在象牙質和牙周膜之間，穩固的支撐著牙根。
牙周膜
由非常強的纖維形成，連結牙齒和顎部的骨骼，咀嚼東西時也具有緩衝作用。
顎骨
血管

為什麼會有蛀牙？

和腸子一樣，嘴巴裡也住著許多的細菌。其中的某些細菌，例如轉糖鏈球菌等，就會造成蛀牙。

造成蛀牙的轉糖鏈球菌

會整頓口中環境的乳酸菌

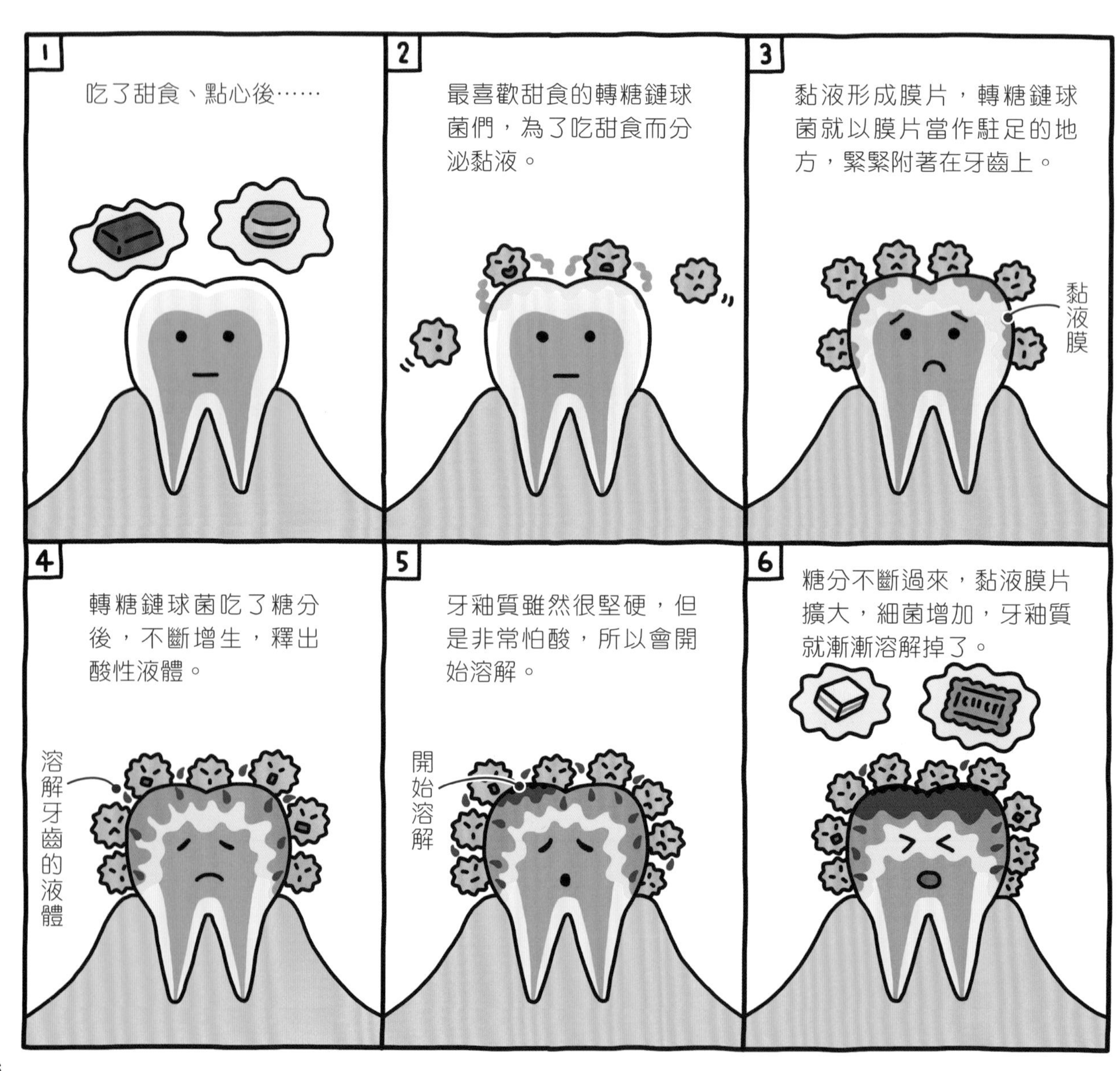

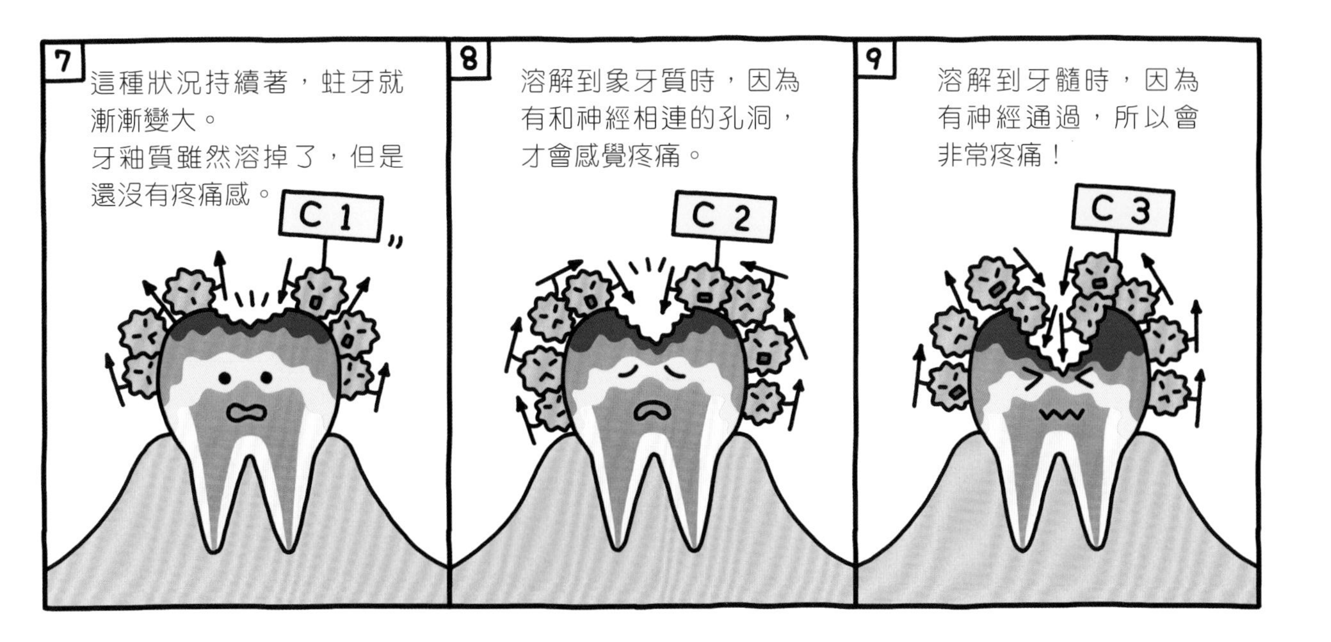

唾液有守護牙齒的力量

唾液1天的分泌量高達1～1.5公升，它的功能除了讓吞嚥食物更容易、幫助消化，還可以沖洗口中過度增生的細菌。唾液中含有成為牙齒成分的鈣質，可以強化剛長出的牙齒，如果牙釉質只是稍微被溶解，甚至也有復原的作用。

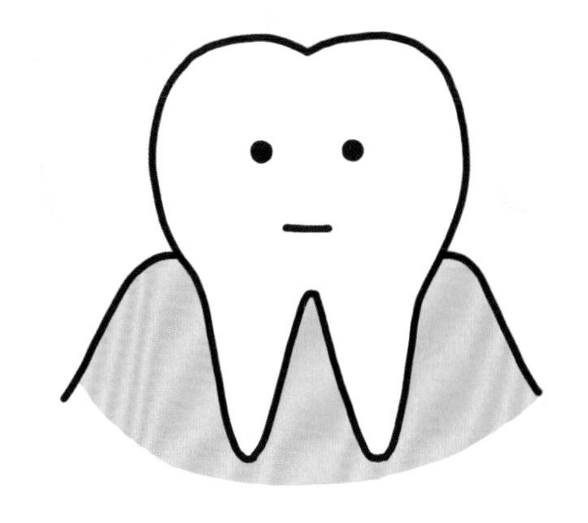

在外太空牙齒痛怎麼辦？

太空人在前往外太空前，就要把所有的牙齒都整治好。因為氣壓的變化等，可能造成填補在牙齒裡的東西變得容易脫落，或是造成疼痛。長期生活在太空站的太空人，如果牙痛時服用止痛藥也沒有效果，又該怎麼辦呢？那就只能由其他的太空人幫他把牙齒拔掉了。據說，他們出發前都會接受這樣的訓練，也會備好器具。

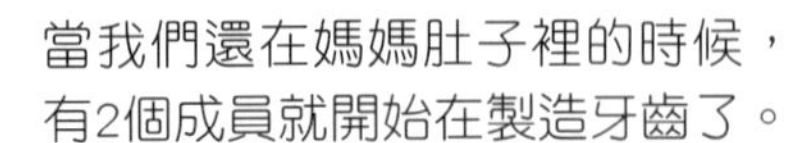

製造牙齒時大展身手的主角就是「釉質細胞」和…

「齒質細胞」！

一開始是在成為牙齦的地方，形成像小種子一樣的「牙胚」。當它成長，牙根就會用力伸展，像發芽一樣長出牙齒來。

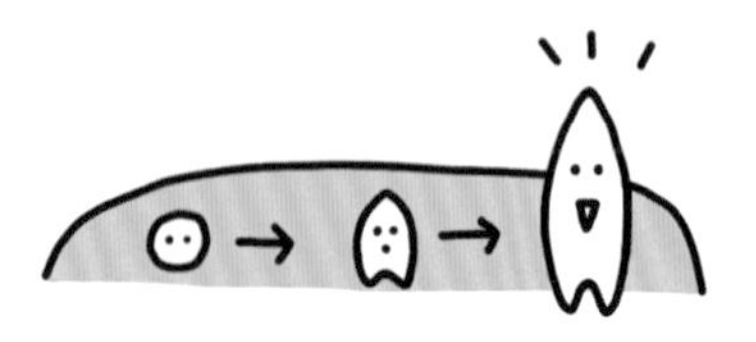

到長出乳牙之前

來看看還沒出生的胎兒，是怎麼育成牙齒，然後變成乳牙長出來的吧！

第1步 牙齒的「胚芽」形成

～在媽媽的肚子裡・4個月左右～

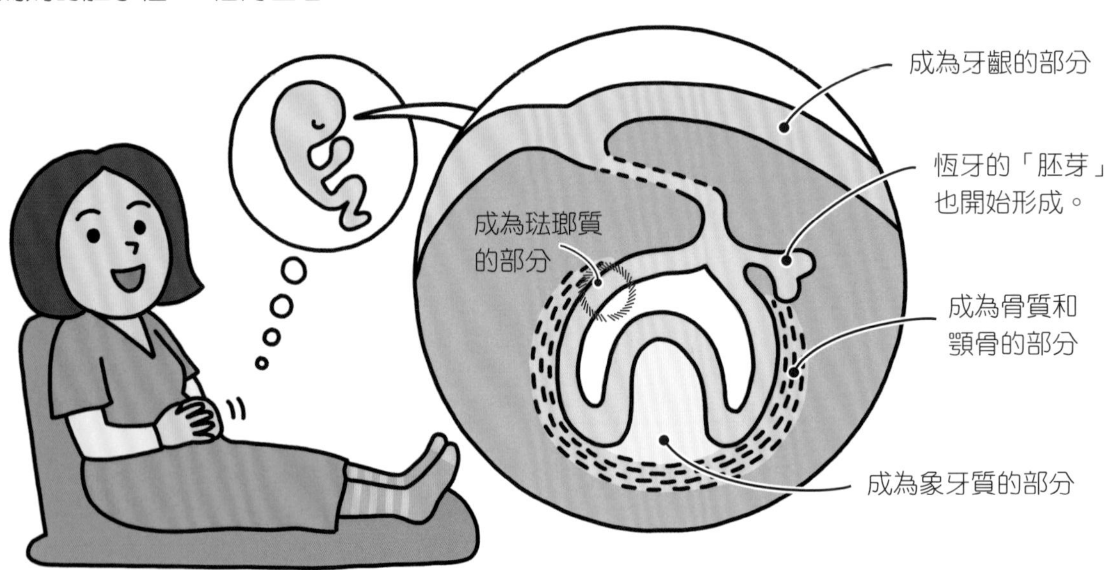

成為牙齦部分的皮凹陷，牙齒的「胚芽」開始在裡面形成。

第2步 顎骨開始形成，牙齒成長

～在媽媽的肚子裡・7～8個月左右～

象牙質和支撐牙齒的顎骨開始形成，進行製造牙根的準備。恆牙的準備也在慢慢進行中。

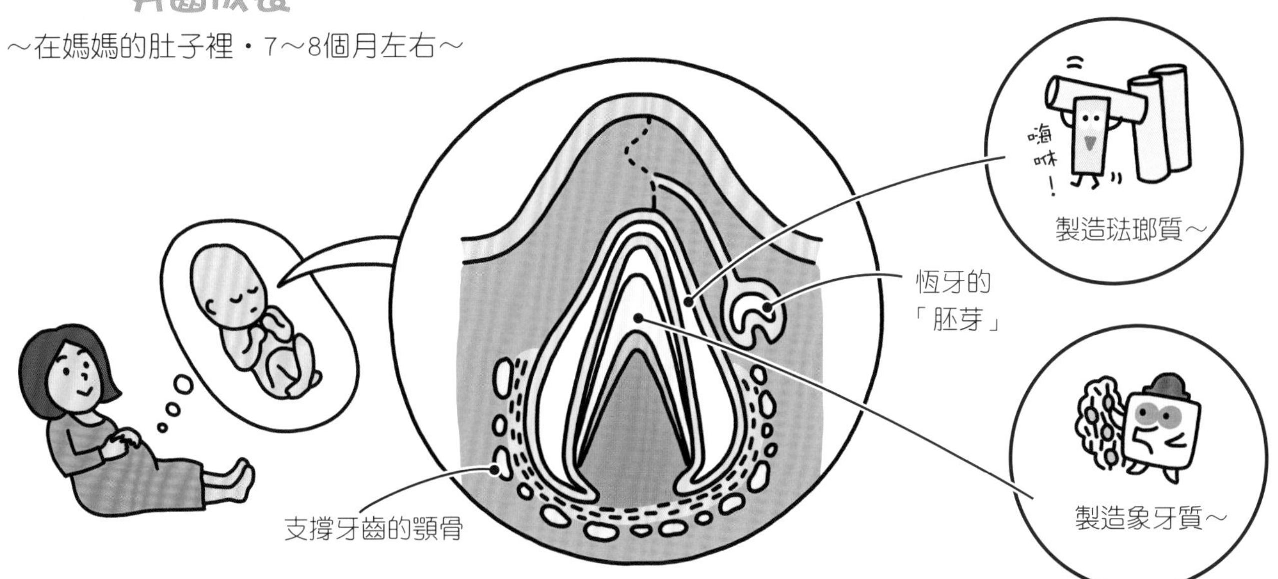

第3步 長出第一顆牙！

～出生後6個月左右～

顎骨中，長牙齒的洞已經形成。牙根穩固的在這裡形成、伸展，長出牙齒。在恆牙的「胚芽」處，恆牙的琺瑯質和象牙質也開始形成。

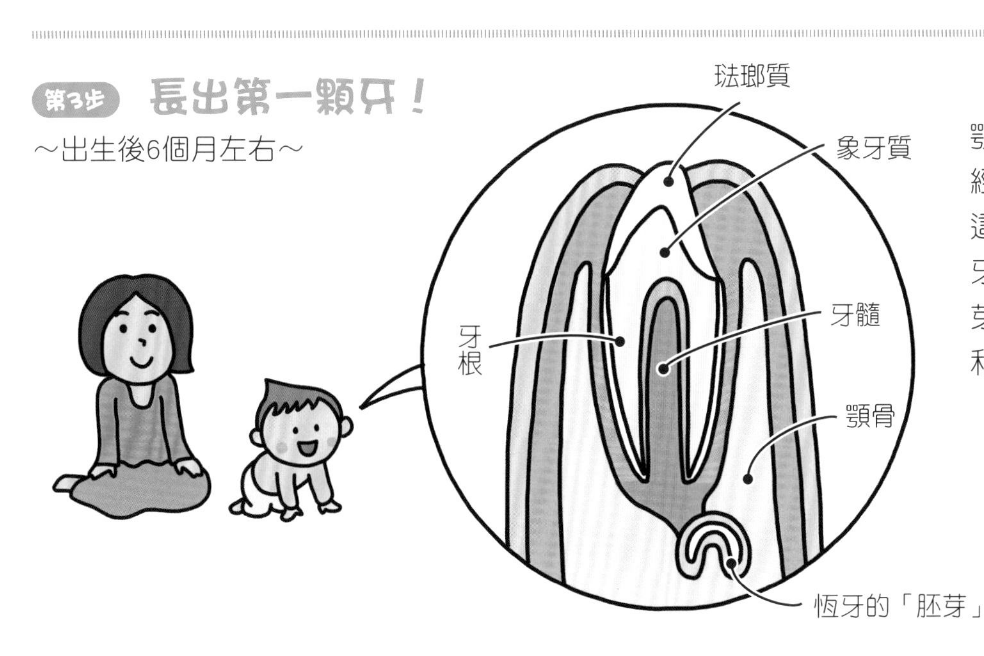

釉質細胞完全消失！

製造琺瑯質的釉質細胞，在形成琺瑯質後，就會完全消失不見。

所以，一旦工作完成後，就無法形成新的琺瑯質了。因為這樣，骨骼和皮膚就算受傷了都還能復原，蛀牙形成的孔洞卻無法復原。

齒質細胞會慢慢持續存活，即使長大成人，還是會形成象牙質。

牙齒是怎麼換新的呢？

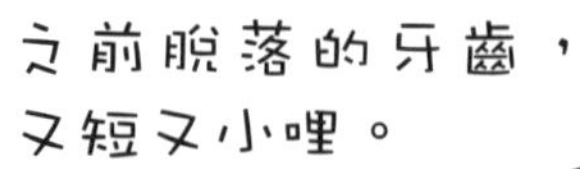

慢慢長的恆牙

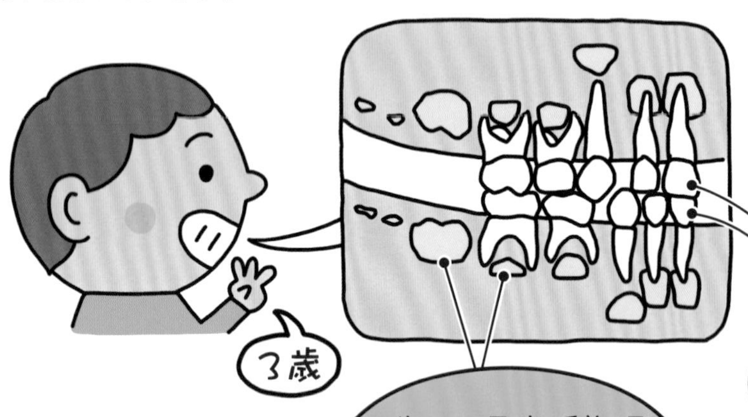

乳牙全部長齊的時候，在牙齒下方的顎骨中，許多的恆牙正在慢慢生長。恆牙需要花費6～10年的時間，慢慢的形成。

花6～7年的時間更換成新牙

我來
溶解！

7歲

12歲左右，就會更換
成28～30顆的恆牙。

當恆牙漸漸變大，曾在骨骼處大展身手的「破骨細胞」就會開始工作。破骨細胞溶解並吃掉乳牙的根，乳牙開始搖動。同時，恆牙的牙根形成，開始向上伸展，乳牙脫落後，恆牙取而代之，冒出頭來。

一生有2萬顆牙!?

鯊魚和鱷魚的牙齒會一再換新。鯊魚在顎部的內側就並排著下一顆牙，只要掉了1顆牙，後面的牙齒就會立刻長出來更新。有些鯊魚甚至幾天就換新牙，一生中更換的牙齒高達2萬顆。鯊魚和鱷魚的牙齒幾乎都是相同的形狀，而且淺淺的埋在牙齦中，所以更換新牙非常容易。

大象的牙齒可以更換5次

大象是頭大、嘴巴小，磨碎草用的臼齒只有4顆。牠換牙時並不像人類一樣往上方伸展，而是牙齒慢慢的往前移動，下一顆臼齒就配合的從後面出來。牙齒一邊往前移動，一邊漸漸磨損掉，最後終於脫落。
大象的臼齒一生中會更換5次。獠牙是門牙長長伸展而成，一生都會持續生長。

全世界第一隻裝假牙的驢子！

一隻名叫「一文字」、1939年就來到東京上野動物園的驢子，因為有時候會讓牠拉拉馬車，成了非常受人喜愛的動物。1963年，年紀變大的一文字牙齒完全壞掉，沒辦法好好進食，於是，動物園的人拜託幫人看診的牙醫師為牠做假牙。幫長臉的驢子裝假牙是非常困難的，牙醫師很有耐心的不斷調整，終於完成全世界第一隻驢子的假牙。一文字對於裝上假牙也沒有排斥，很快就狼吞虎嚥的吃起草來，並且恢復健康。

牙齒的功能不只是吃東西！

牙齒的功能不只是咬碎食物。
生活中各式各樣的場合，
牙齒都在發揮功能呢！

關鍵時使出最大的力氣

想要把重物往上提的時候，我們會不知不覺的咬緊牙關。使勁咬緊牙齒，可以發揮「瞬間增強全身肌肉力量」的作用。棒球選手擊球時、足球選手射門時，在用力的瞬間都會咬緊牙齒。

咬緊時對臼齒施加的力量，年輕的成人男性甚至可達到66公斤左右，也就是說，在臼齒上施加了大約跟自己體重差不多的力量。運動選手容易弄傷牙齒，所以，許多一流的運動選手都會仔細照顧牙齒，珍視牙齒。

奧運選手也很重視牙齒！

奧運選手在比賽期間居住的選手村，開設著各種科別的醫院，而牙科更是許多選手都會前去看診的。1998年的長野奧運時，有多達260名選手接受牙齒治療。

保持腦部功能活潑

食物一進入口中後，進行咀嚼、品味、吞嚥，是相當複雜的動作，除了會使用到顎部、嘴巴、喉嚨的肌肉，還有各式各樣的神經。所以，光是咀嚼食物，就可以促使腦部活化。小孩子如果沒有養成充分咀嚼的進食習慣，或是年老後牙齒壞了不做咀嚼，腦部功能就會降低。使用牙齒去品味、進食這件事，對於讓腦部能夠有活力的持續工作是很重要的。

直立・原地踏步

閉上眼睛，試著在原地踏步1分鐘，就算自己盡量不做移動，張開眼睛一看，移動的距離卻可能讓你感到驚訝。接著，把明信片折疊後用牙齒咬住，同樣試著原地踏步，結果是，許多人都能夠不太有移動的原地踏步了。

當上、下牙齒咬合，顎部位在正確位置上，筆直站立也就變容易了。所以，牙齒在保持身體姿勢、取得平衡時也會使用到呢。

SOS 6 曬傷刺痛真難受～！

皮膚的構造

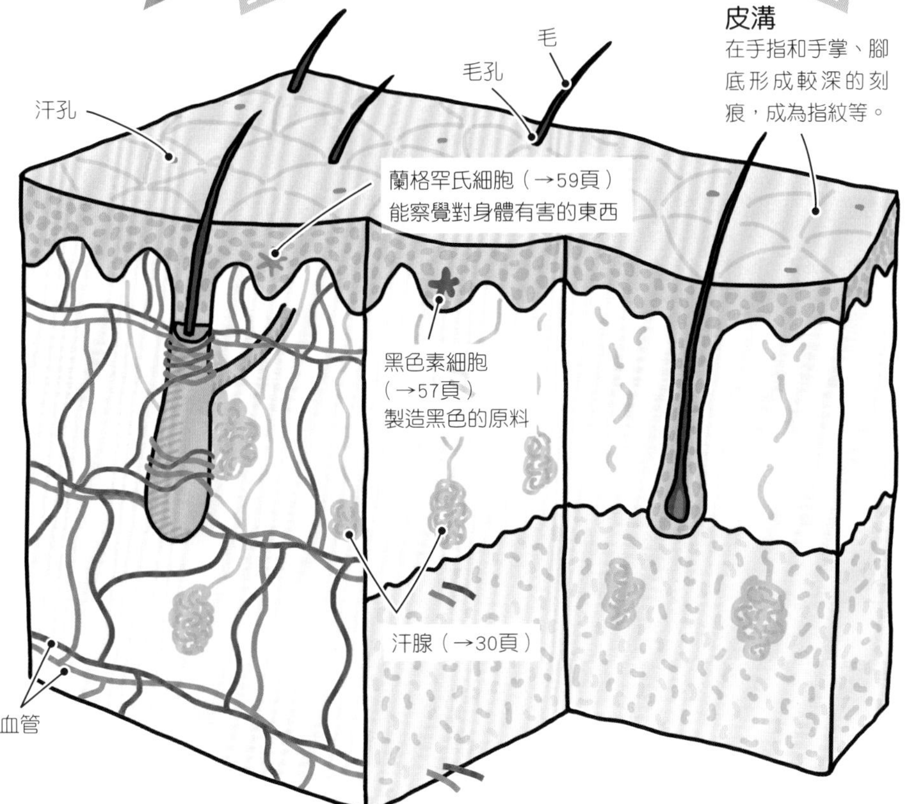

皮溝
在手指和手掌、腳底形成較深的刻痕，成為指紋等。

表皮
厚度約0.2毫米的薄膜。手掌的厚度約有0.7毫米，腳底處約有1.5毫米。

真皮
由強韌的纖維形成。這裡也有感覺疼痛或手摸觸感等的感知器。

皮下組織
主要是由脂肪形成，有緩衝器的作用。

表皮有4層重疊

①
死亡的皮膚重疊的地方。

②③
老舊細胞會依序往上推，形狀逐漸變成平坦。

④
皮膚細胞形成的地方。

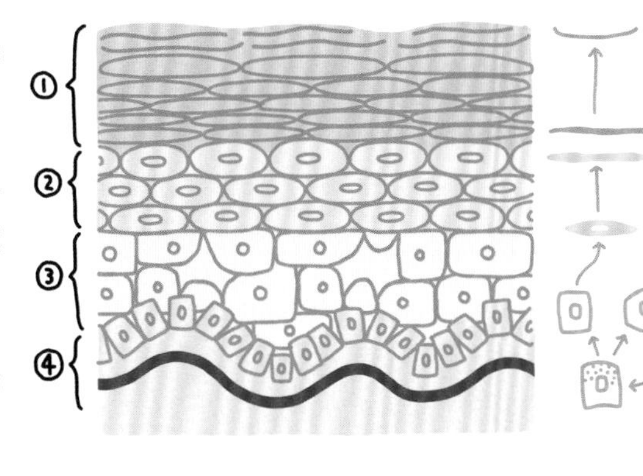

45天做換新

皮膚的細胞花14～19天的時間在第④層生成。新的細胞會逐漸往上層推，在這個期間改變形狀，變得平坦，大約14天到達第①層。這時細胞就死了，死亡的細胞就像落葉堆疊一樣，形成10～20層。推到第①層的最上方要花14天，之後就會剝落。所以，皮膚換成新的大約花45天的時間。

皮膚曬傷為什麼會刺痛、發紅？

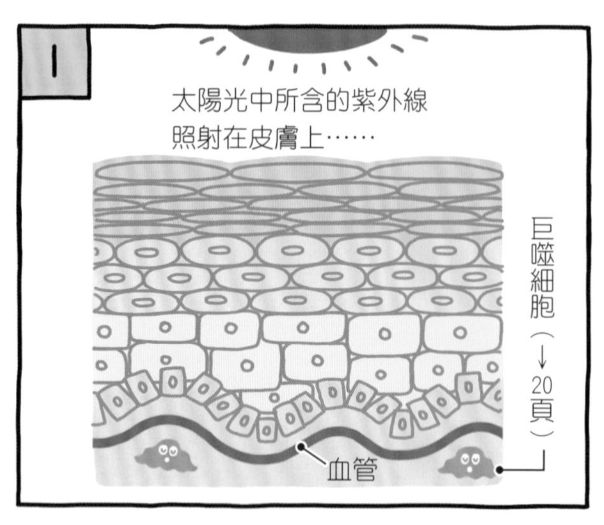

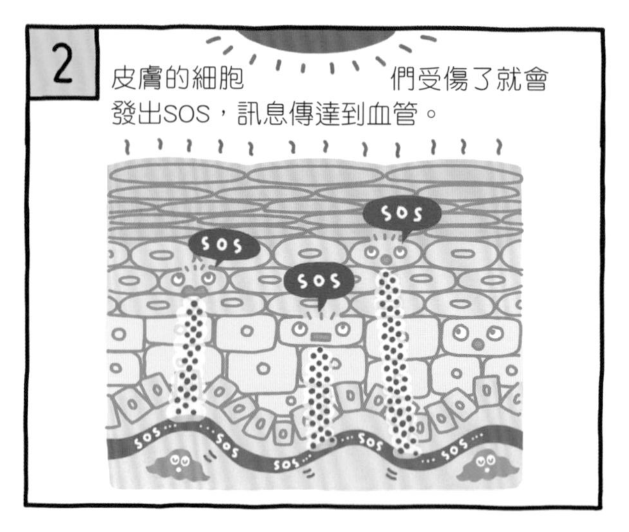

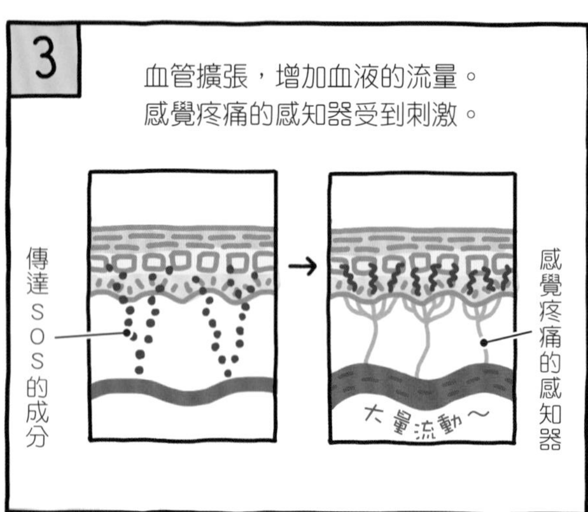

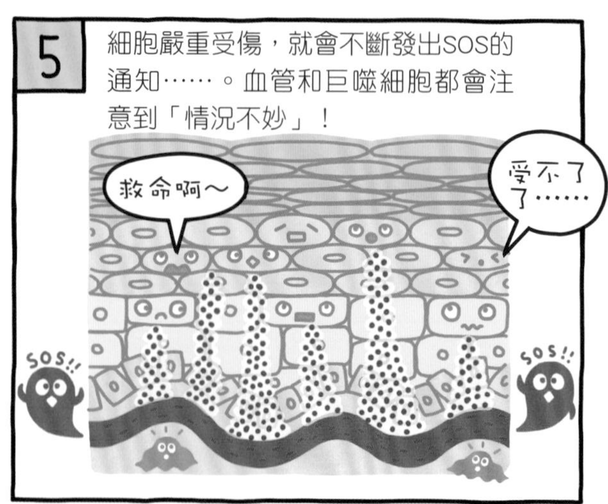

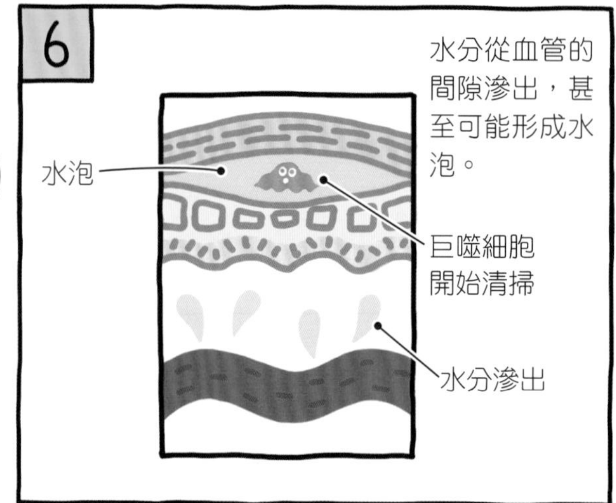

為什麼曬太陽就會變黑？

紫外線具有損傷細胞的強大力量，甚至也被使用在殺菌燈上。當強烈的紫外線到達人體，皮膚為了保護身體，黑色素細胞就會發揮作用！

1

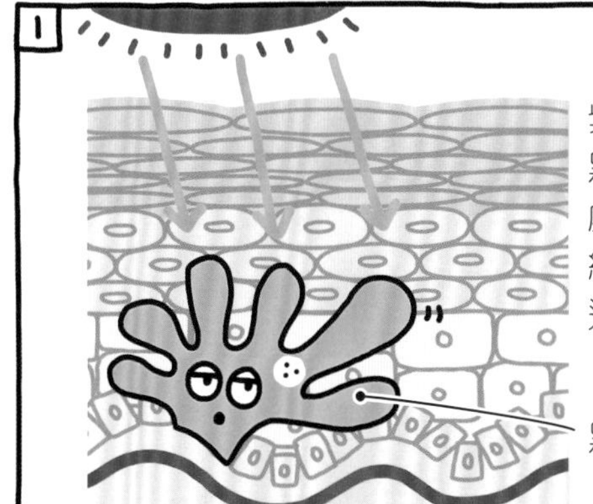

紫外線到達黑色素細胞處，黑色素細胞就會醒過來。

黑色素細胞

2

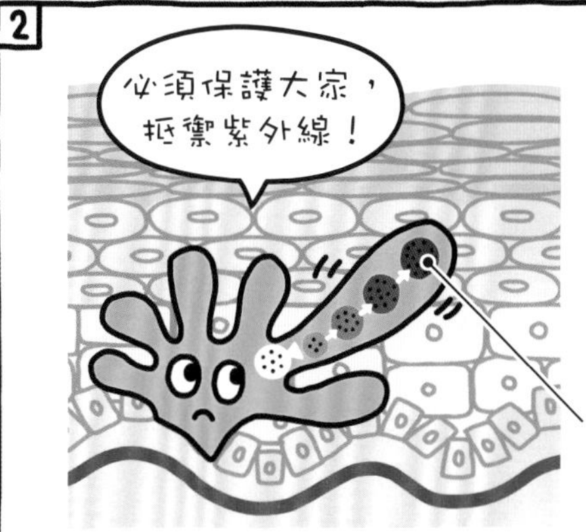

醒過來的黑色素細胞製造黑色素小體，然後傳遞到周圍的細胞。

黑色素小體

3

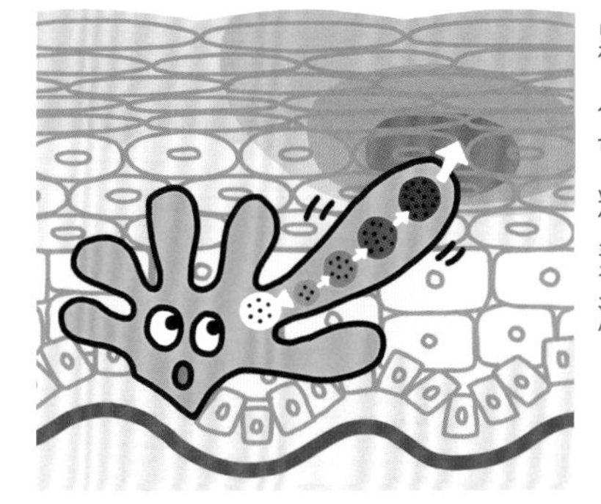

黑色素小體進入細胞，就會成為黑色顆粒的「黑色素」，細胞漸漸變成黑色。

4

變成黑色的細胞被推往表面，皮膚就變黑了。黑色素可以吸收、阻隔紫外線，守護下面的皮膚細胞。

一般認為，我們的祖先原本都是黑皮膚的。

② 2萬7000年前
白保人

稍微往北方移動，身體的毛變稀少，皮膚的顏色也變淡了。

① 上古

住在日照強烈的地方，為了使皮膚可以防禦過度強烈的紫外線，皮膚顏色非常深。

③ 2萬年前
克羅馬儂人

移動到更北方，皮膚的顏色變得更淡了。

過度曝露在紫外線下雖然不好，完全沒有紫外線也不行。

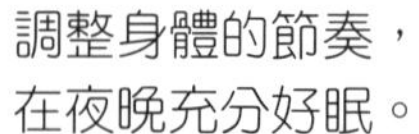

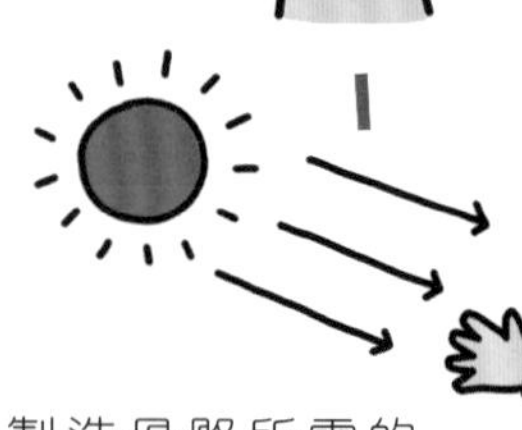

調整身體的節奏，在夜晚充分好眠。

製造骨骼所需的維生素D，可以藉由曝曬紫外線來製造。

所以，一般認為，人類開始居住在日照不強的地方，皮膚顏色會變淡，就是為了吸收身體所需要的紫外線。

1天曬15分鐘的紫外線就足夠了。

皮膚是身體的最佳防護網！

皮膚不只有保護身體、防衛紫外線的功能，也是守護身體遠離外部危險的最佳「防護網」！

保住身體的水分

人類的身體有60%都是水，不只每個細胞都充滿水，細胞和細胞間也有水分，而且血液超過一半以上也都是水分。人類的身體就像是聚集了名叫細胞的微型水球，當中有名叫血管的水管相連結，全體的間隙也像是充滿水的大水袋。
皮膚是保護水袋的「皮」，如果沒有它，身體裡的水分將會很快流光。

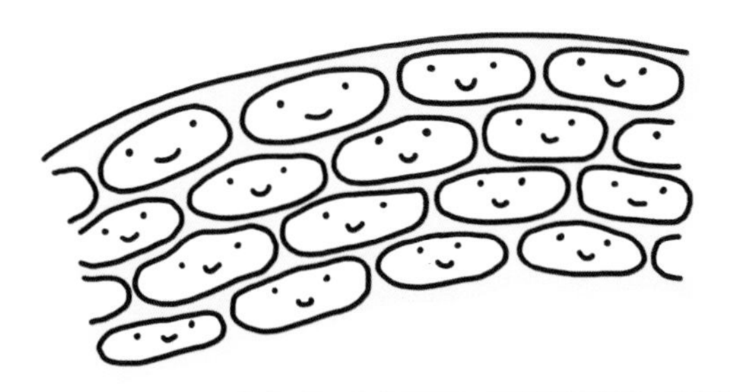

1張榻榻米大的感知器

如果展開成人的全身皮膚，大約是1張榻榻米的面積。全部皮膚的重量大約10公斤，在形成身體的器官中，也是最大的。
皮膚上感覺「疼痛」、「熱」、「碰撞到什麼」等等的感知器，總共超過300萬個。皮膚可以最先捕捉身體外部的情報，傳達給腦部。

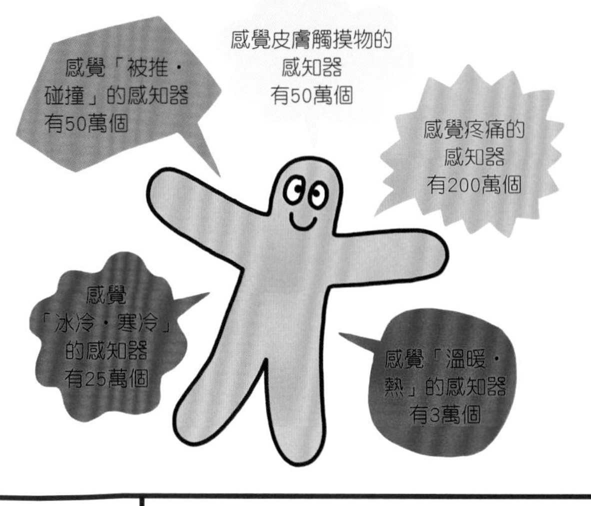

徹底防禦「對身體有害的東西」！

皮膚裡有排出油脂的地方，會用弱酸性的油脂覆蓋皮膚表面，以避免細菌等增生。
表皮的細胞也會分泌具有殺菌效果的成分，守護皮膚。

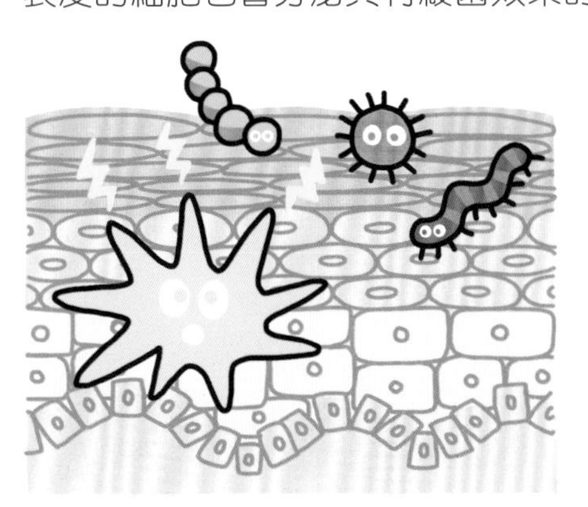

另外，表皮上的「蘭格罕氏細胞」是有如警衛的成員，在防護網穿行巡邏，只要有「外來者」到來，就會立刻通知輔助T細胞們（→75頁）。

皮膚是個大型冷氣機！

皮膚是把身體的熱往外發散的超大冷氣機。這個作用如果不能發揮，就會中暑。

身體內部會一直製造能量，產生熱（→27頁）。所以，必須把熱發散到外部，體溫才能保持固定。

接觸空氣 讓身體變涼	沒有察覺的發汗 和呼吸中的水分 讓身體變涼	流汗 讓身體變涼
一般來說，空氣的溫度比體溫低，只要接觸到冷空氣，熱就會從皮膚發散出來。	就算安靜不動、氣溫也沒有很高，水分還是會一點一點的從皮膚和吐氣發散出去，讓身體變涼。	運動或氣溫變高時，腦部就會發出命令促使流汗，讓身體變涼。

如果身體中的熱完全不發散到外部去，體溫1天就可以提高到70～80度喲！

什麼是
中暑？
37℃
37
血管，
擴張～！
①當氣溫和體溫接近，就算流汗也很難讓體溫下降。
②這時，腦部會發出命令，增加流經皮膚正下方的血液，想辦法讓身體變涼。
③因為血液是循環到整個身體的，所以腦部的血液就會漸漸變得不足，開始頭昏眼花。
④流汗造成身體的水分不足，會讓人感到不舒服，或是頭痛。
⑤流汗也會將鹽分帶走，鹽分不足的話，肌肉的伸縮等無法進行，手腳會抽筋。
⑥等到汗水也不流了，體溫就會越來越高。
⑦然後影響到腦部，人就倒下了！
這就是
中暑～！

只要注意以下的事項，好好休息，就不會有問題。

2

戶外活動要利用蔭涼的地方，經常做避暑動作。

感覺疲勞時不要外出，要好好休息。天氣突然變熱、風力微弱或濕度高的日子也要特別注意！

黑色皮膚為了守護我
不受紫外線的侵害而
努力著呢～
嗯
肩膀的曬傷
好像慢慢好了。
是啊—
今天要去湖邊玩，希望
皮膚能為我更加努力！

好，
出發！

SOS 7 班級停課大不妙～！

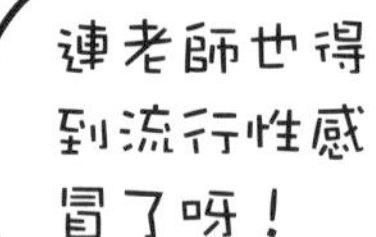

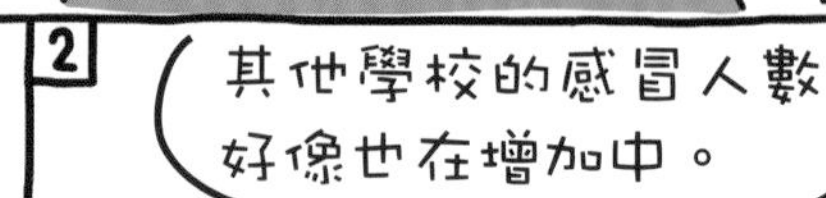

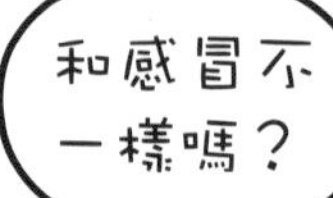

什麼是流行性感冒？

小小的濾過性病毒的傑作

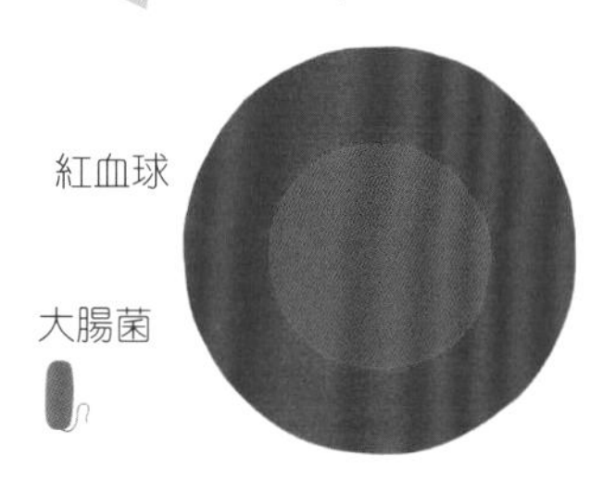

引發流行性感冒的是「流行性感冒濾過性病毒」。濾過性病毒非常小，無法自己增殖，它是進入其他生物的細胞中加以利用，再慢慢增殖。流行性感冒濾過性病毒一進入體內，會突然出現高燒、身體關節或肌肉疼痛、發生咳嗽或噴嚏、全身癱軟無力。

在鼻子或喉嚨增殖的濾過性病毒

流感病毒並不是在身體的什麼部位都能增殖，它必須附著在鼻子或喉嚨的細胞上，在那裡才會開始增殖。

鼻子和喉嚨的表面有「杯狀細胞」（→15頁），會分泌黏液守護表面。不過，如果吸入因為咳嗽或噴嚏飛出的病毒，只要進入喉嚨，病毒就會突破黏液進入體內，慢慢增殖。

A型病毒很擅長變種！

流行性感冒濾過性病毒大概分成A型、B型、C型3種，人和動物會感染的A型又可分成144種的亞型。還有，A型病毒數十年就會一度變種成新型，引起大流行。

流感和一般感冒的差異是？

流行性感冒：突然發高燒。全身出現症狀，傳染力強。

一般感冒：症狀緩和，發燒時溫度也不會太高。

第1～3天 病毒增殖

病毒只要1天的時間就能大量增殖，所以在身體感到不舒服前，就已經可以到處散布病毒，並且漸漸傳染開來。

❶ 病毒附著在喉嚨或鼻子中……

黏液
病毒
肥大細胞
巨噬細胞

❷ 病毒進入纖毛細胞和杯狀細胞，在這裡開始繁殖。

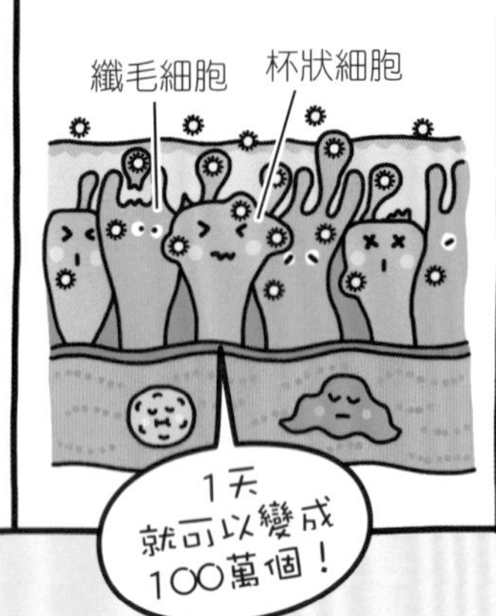

❸ 纖毛細胞和杯狀細胞會釋出消滅病毒的成分，不過，完全追趕不上病毒增加的速度。

消滅病毒的成分

❹ 肥大細胞也注意到異常變化，釋出傳遞SOS的成分。

只有喉嚨稍微有刺刺的感覺，還沒有出現症狀。

❶ 在纖毛細胞釋出的成分召喚下，趕到的自然殺手細胞會消滅那些被病毒攻占的細胞，並召來巨噬細胞。

自然殺手細胞

❷ 醒過來的巨噬細胞也趕過來，開始吃掉死掉的細胞和病毒。

❸ 一邊吃，一邊不斷發出SOS，請求支援。

❹ 肥大細胞和纖毛細胞也一起持續釋出傳遞SOS的成分。

在SOS成分的作用下，就會發燒，並造成身體慵懶、疼痛。出現咳嗽或流鼻水，是因為想要把病毒趕到身體外面。

為什麼會發燒呢？

頭腦內部有調節體溫的「遙控器」吧？（→30頁）

發燒的時候，那個遙控器會怎麼樣？

遙控器的設定溫度會改變喔！

❶ 巨噬細胞發出的SOS，隨著血液的循環，送到腦部。

腦部的遙控器

SOS！

❷ 腦部的「遙控器」透過腦部的微血管察覺到SOS訊號。

❸「遙控器」提高設定的溫度，再對全身發出命令。

汗腺，關閉！

血管，收縮！

❹ 汗腺緊閉、血管收縮後，身體的熱被封住，體溫就會升高了。

釋出提高遙控器設定溫度的成分時，會刺激感覺疼痛的神經，所以造成身體到處疼痛。

因為血管收縮，血液循環變得不好，剛開始發燒時，手腳會冰冷，身體會畏寒。

身體的「急救隊」迅速出動

體溫一提高，最先趕到SOS現場的是「急救隊」。活動變得活潑的巨噬細胞們精力旺盛，不斷吃掉病毒，繼續釋出傳遞SOS的成分，所以，病毒的「最終殲滅隊」（→75頁）才能醒過來並增加數量，進入擊退病毒的最後決戰。

削弱病毒的增殖力

流感病毒在溫度較低的環境會大量增加，在溫暖的環境中就不太能活潑的活動。當體溫提高、變成病毒不喜歡的環境，病毒的增殖速度就會降低。
根據研究，當溫度超過20度、濕度超過50%，病毒就不會增殖，不過也有各種不同的說法，研究還在進行中。

攝取水分，冰涼頭部和腋下

達到腦部遙控器決定好的溫度前，身體會先啟動把熱存起來的機能。感覺寒冷，喀噠喀噠的發抖，也是產生熱的機能之一。這個時候，除了要溫暖整個身體，另一方面也要降低頭部和腋下等部位的溫度，防止高燒過度。
體溫到達目標溫度後就不再感到寒冷，這時可以換成輕薄衣物，防止熱度過度悶住。攝取水分是最重要的，如果喝水或運動飲料有困難，也可以吃水果來攝取水分。

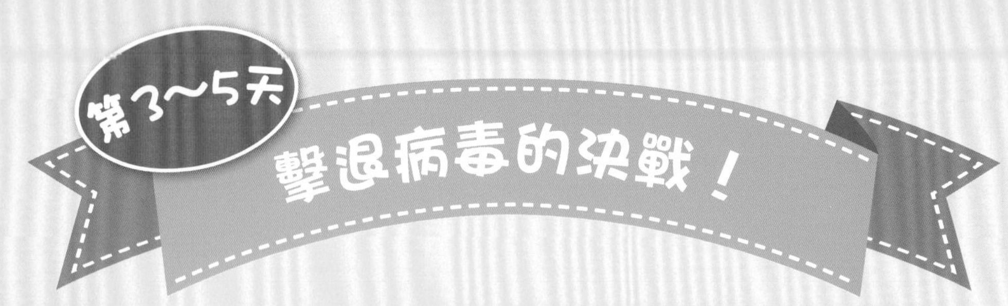

B細胞

輔助T細胞

殺手T細胞

嗨！我們是白血球團隊中的「淋巴球」夥伴。擊退病毒的最終決戰就交給我們吧！

❶ 輔助T細胞捕捉到巨噬細胞的SOS訊號後醒來，並聚集過來。

❷ 巨噬細胞給他們看病毒的碎片，讓輔助T細胞做確認。

❸ 確認病毒就是敵人後，輔助T細胞會把夥伴聚集起來。

❹ 在輔助T細胞的通知下，殺手T細胞、B細胞醒來，並且趕了過來。

發燒熱度還是高，身體的疼痛、咳嗽和噴嚏還在持續，全身無力。

來了這麼多的輔助T細胞和B細胞，我們只能慢慢逃走了……

❶ 殺手T細胞清除掉被病毒攻占的細胞。

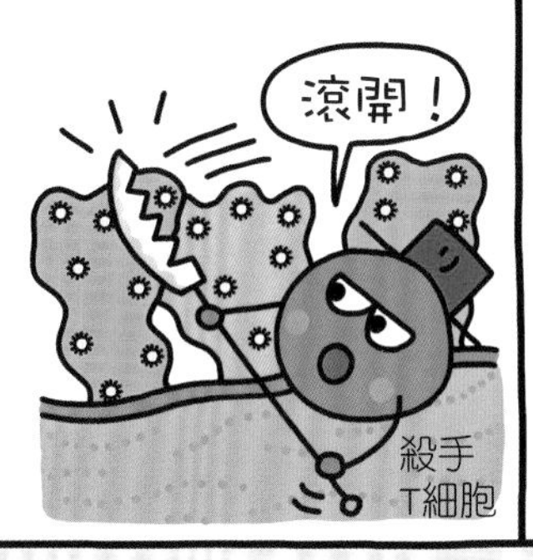

❷ B細胞接受輔助T細胞的命令，製造專門對付濾過性病毒的武器。

❸ B細胞發射製造好的武器，病毒就死了。

❹ B細胞發射的武器，會隨著血液循環移動，就連遠處的病毒都可以被消滅。

疼痛和倦怠感慢慢消除，身體漸漸變得輕鬆。

流感病毒在發燒後的第3天左右開始減少，大約在1個星期的時間就可以痊癒了喲！

❶ 因為大家的協助，病毒大多消滅殆盡了。

❷ 通知SOS的成分消失了，腦部遙控器也把設定溫度調回來。

❸ 遙控器傳達命令，讓身體出汗、擴張血管來降低體溫。

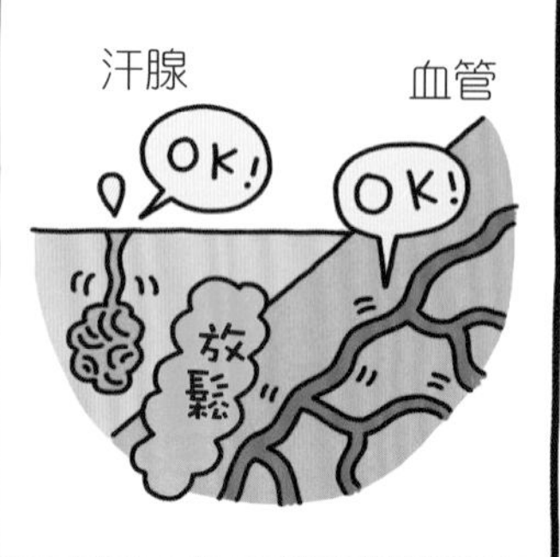

❹ 出汗後，燒也退了。

敵人再度來襲就會迅速出擊！

B細胞和殺手T細胞中，有些會牢牢記住曾經戰鬥過的敵人，然後才沉睡。多虧這樣，才能在下次有相同的敵人進來時，可以迅速殲滅他們。

❶ 回到和平後，B細胞們就要去睡覺了。

❷ B細胞和殺手T細胞中，有些成員會把病毒記錄下來。

❸ 拿著記錄的B細胞和殺手T細胞來到成員們的「聚集地」——「淋巴結」，位在喉嚨的「扁桃體」也是其中的一個淋巴結。

❹ 然後，春天來了，夏天過去了。

❺ 冬天來了，再度回到流行性感冒流行的季節，相同的病毒又來了。

❻ B細胞、殺手T細胞已經記住這隻病毒，馬上就製造出武器把它擊敗。

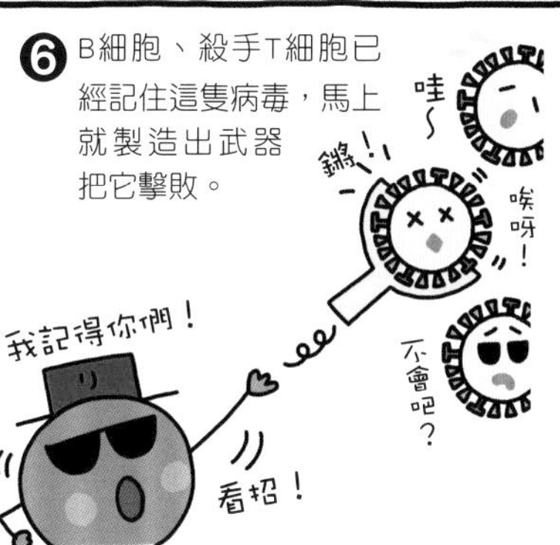

疫苗注射是B細胞們的「演習」

疫苗注射是利用B細胞們「記得戰鬥過的對手」的構造來防禦疾病，也就是把力量極微弱的病毒或其部分結構注射到身體裡，讓B細胞們記住。這樣的話，當下次有真正的病毒入侵時，就能迅速反應，打敗病毒，所以，就算生病了，也能輕症並復原，或是沒有症狀。B細胞很長壽，有些甚至能擁有記憶存活數十年。

這些就是和進入身體、造成疾病的細菌或病毒作戰的成員，他們大部分都存在白血球中，因為有這些成員，疾病和受傷才能痊癒。

急救隊的成員

當細菌或病毒進入時，會迅速聚集到那個現場作戰的成員。

巨噬細胞

存在場所　體內的各種部位

本來是名叫「單核球」的白血球，穿過血管壁的隙縫後就變身成巨噬細胞。平常會吃掉身體中不需要的東西，進行清理，如果發現會造成疾病的東西，也會馬上吃掉它、打敗它。

顆粒球

存在場所　平常在血管中

是白血球中數量最多的。收到巨噬細胞的SOS會趕到現場，來到血管外面作戰。吞噬能力比巨噬細胞還強喔！

自然殺手細胞

存在場所　血管和淋巴管

和T細胞、B細胞一樣，是淋巴球的一員，會乘著血液和淋巴液的循環，在體內巡邏。除了把被病毒侵入的細胞全部破壞，也會幹掉癌細胞。

樹突細胞

存在場所　全身。尤其是皮膚、鼻孔、胃、腸、肺特別多。

因為有好幾支像樹枝一樣的東西，才有這樣的名字。存在皮膚下面的叫做「蘭格罕氏細胞」（→59頁）。他的工作是把侵入身體的細菌或病毒吃掉，然後送到成員們的「聚集地」。

肥大細胞

存在場所　皮膚的正下方，黏膜的內側。

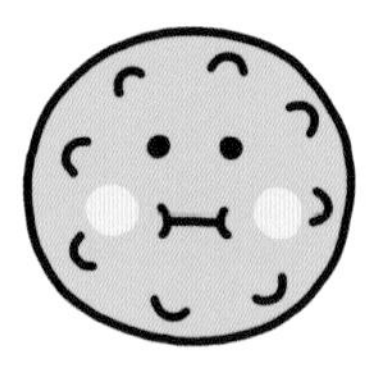

無法和其他成員一起乘著血液或淋巴液移動。當自己以外的東西進入時，會釋出消滅它的成分。和花粉症等過敏也有關係。

身體中的淋巴管

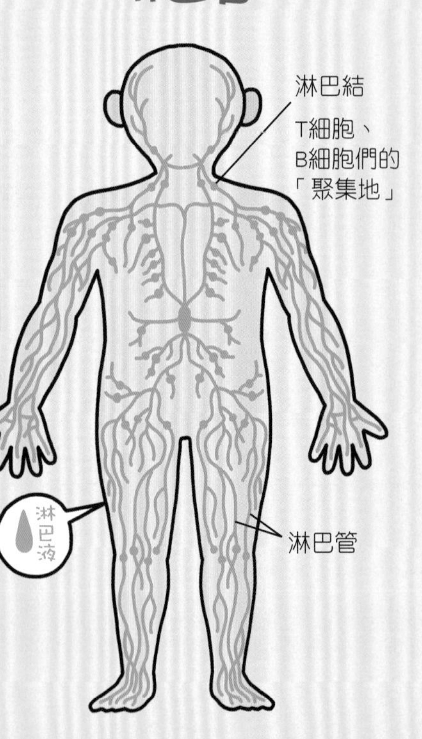

什麼是淋巴液？

身體內部，名叫「淋巴管」的管子就像血管一樣布滿全身，管中有淋巴液通過。血液的水分會從微血管滲出到身體中，運送營養到身體的各個角落，然後，和不需要的垃圾一起被吸收到淋巴管，那就是淋巴液，和受傷時流出的透明液體是同樣的東西。

護身體的成員！

「最終殲滅隊」的成員

這些成員會調查進入身體的細菌和病毒的情報，確認它的真正身分後做好準備，然後戰鬥。因為是使用針對敵人的武器，殲滅能力非常強，在最終決戰時就能擊退病毒。

輔助T細胞
存在場所　淋巴管和血管

領導者，接收來自巨噬細胞的情報後，會告訴殺手T細胞「是敵人喲」，並命令B細胞製造對付敵人的武器。讓巨噬細胞提升戰鬥力也是他的工作。

殺手T細胞
存在場所　淋巴管和血管

負責把輔助T細胞告知的、遭到敵人侵入的細胞一一清除。和自然殺手細胞有相同的功能，不過，從急救隊的自然殺手細胞眼皮下逃脫的傢伙，也會被他殲滅。

B細胞
存在場所　淋巴管和血管

根據輔助T細胞的情報，製造對付敵人的武器進行作戰。如果是初次碰到的敵人，做好武器大概需要1個星期，如果是第2次碰面，只要幾天就可以作戰了喲！

殲滅隊的「聚集地」

遍布全身的淋巴管匯合在名叫「淋巴結」的地方，全身大約有8000處，是由小囊袋聚集而成，具有去除淋巴液中的垃圾的功能。裡面有大量的「殲滅隊」，成員們在這裡從淋巴管轉乘到血管去，並接收前來的樹突細胞傳達的敵方情報。

殲滅隊的「學校」

輔助T細胞和殺手T細胞在小時候就要接受正確分辨敵人的考試，因為他們當中會有搞錯敵人而攻擊自己細胞的T細胞。這樣的T細胞是不合格的，會被淘汰。
這種像學校一樣的機能，是在心臟上方、名叫「胸腺」的地方進行。
B細胞在他產生的骨髓中也會接受類似的測試，只有合格的成員才能大展身手。

SOS 8 手機和電玩傷很大！

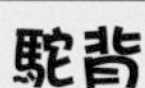

大家都會做各種使用啊！這很正常吧！
上網找資料
看影片……
在沙發上玩遊戲！
看卡通……
和朋友聊天
這是怎麼回事…
公園也是？好像都被洗腦了…
大家都在玩遊戲！

眼睛過度疲勞！

對眼睛來說，看著遊戲機或手機的畫面，其實是非常辛苦的工作。先從眼睛的構造來加以說明吧！

眼睛的構造

眼睛是由堅韌的膜包裹著像蛋白一樣的膠質軟球而成形。光經過名叫水晶體的伸縮鏡頭進入，投映在名叫視網膜的底片上，視網膜感覺到的亮度啦、顏色啦、形狀啦，再透過神經送到腦部，在腦部形成影像。

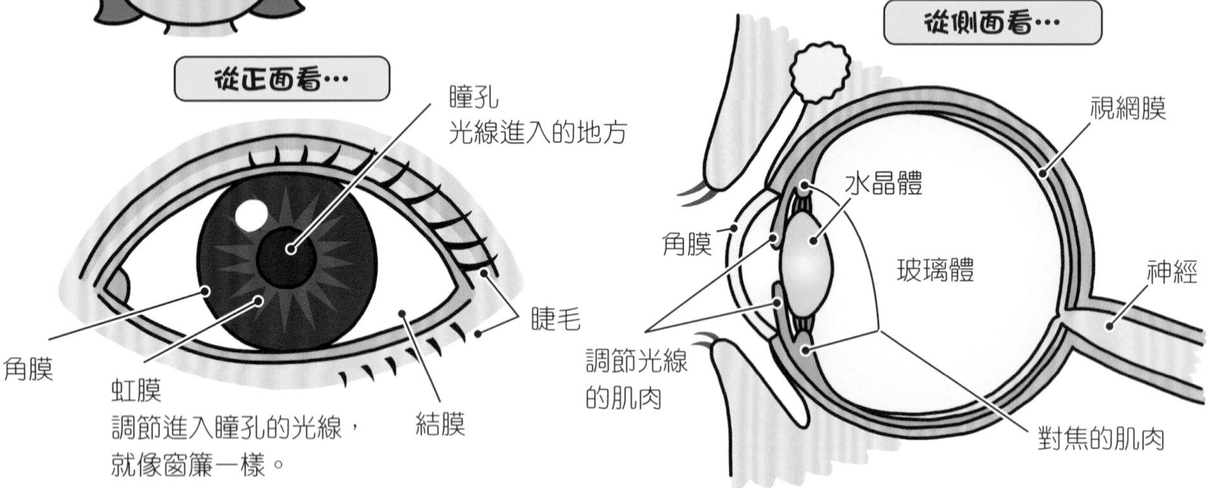

努力工作的肌肉①
調節光的肌肉

眼睛正中央的黑眼珠部分叫做「瞳孔」，光從這裡進入。像圓形窗簾一樣的肌肉（虹膜）覆蓋在它的周圍，或縮或伸的調節進入眼睛的光。

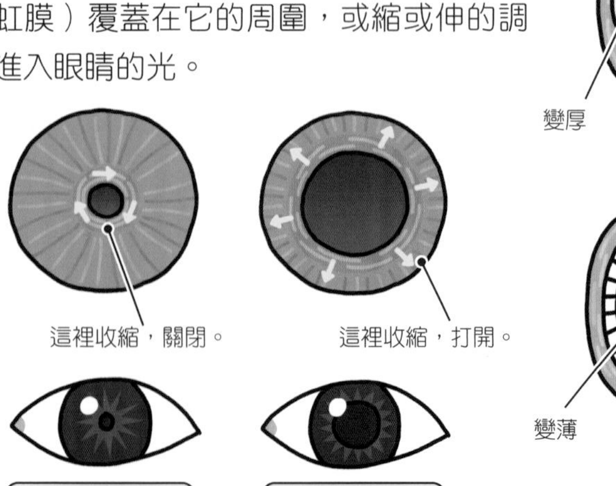

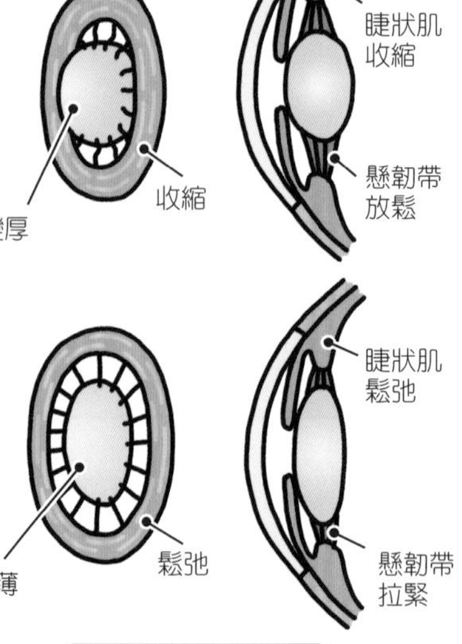

努力工作的肌肉②
對焦的肌肉

相當於透鏡的水晶體具有彈性，以懸韌帶和對焦的肌肉（睫狀肌）相連，睫狀肌收縮，水晶體就會變圓，形成厚的透鏡。睫狀肌鬆弛，水晶體就會變得扁平，形成薄的透鏡。利用這樣進行調整，可以清楚看到物體的形狀。

持續收縮「窗簾」

從手機和遊戲機畫面發出的是非常強的光，叫做「藍光」，這也是人類眼睛可以看到的光中，能量最強的一種。
為了減少進入瞳孔的光，調節光的肌肉就會一直努力收縮著。因為要一直用力，所以很容易變得疲倦。

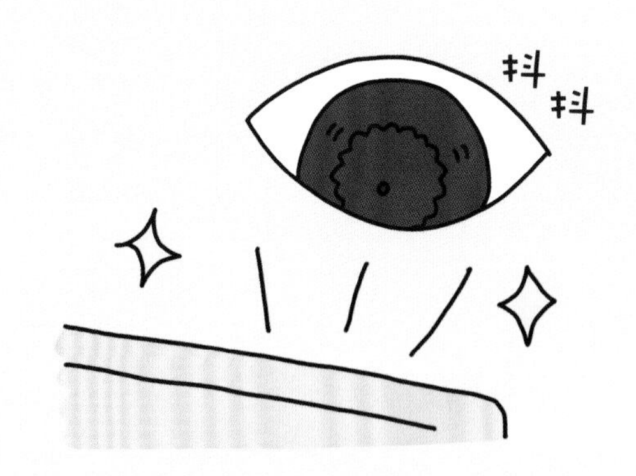

對焦很辛苦！

畫面發出的藍光，具有比其他光更容易閃爍的特性，所以比較難以注視。還有，像遊戲或影片之類動得很激烈的畫面，如果一直用小小的螢幕來看，為了看清楚，眼睛就會持續進行著仔細對焦，這對眼睛來說是非常辛苦的工作。

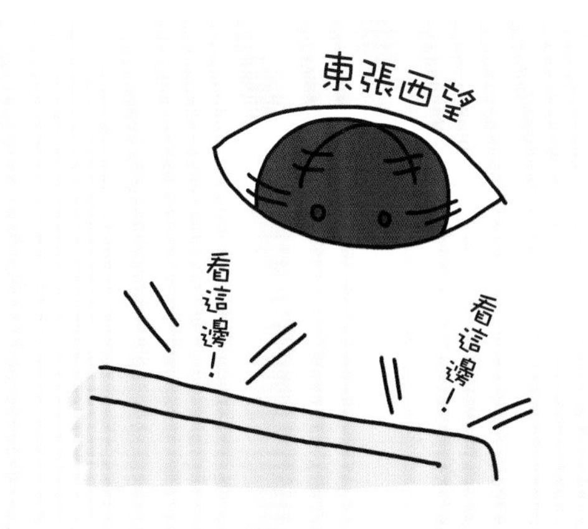

不眨眼睛，更是不好！

我們在不知不覺中，平常1分鐘大概會眨眼15～20次。每次眨眼時，眼淚就會清洗眼睛表面，用水膜覆蓋、保護眼睛。但是，我們拚命盯著畫面時，經常超過1分鐘也不眨眼睛，結果，覆蓋眼睛表面的淚膜乾涸，變得凹凸不平。然後，因為光照在凹凸不平的地方會到處反射，所以容易閃光的藍光更加閃爍，看東西也變得更加困難。

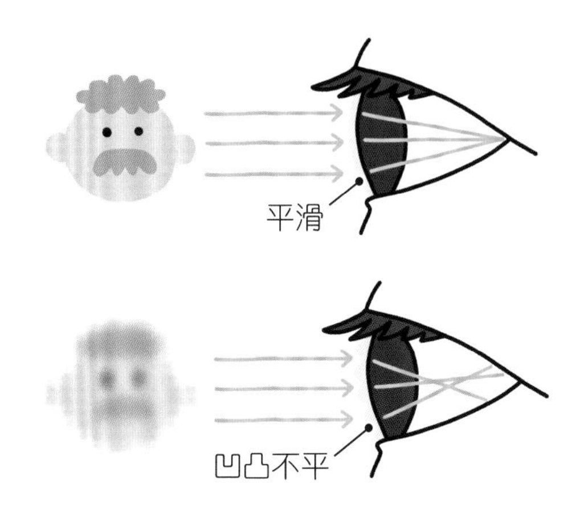

許多看不見的「時鐘」

時鐘的頭頭

我們在早上起床，白天活動，晚上睡覺，那是因為身體需要休息，沒辦法24個小時持續活動。為了創造出這樣的節奏，心臟、腸子、血管、皮膚等都有「看不見的時鐘」，調節著各自的機能。

這許多時鐘的頭頭就在腦袋的深處，它會調節所有時鐘的機能，避免「臟器運作時間日夜顛倒」的狀態發生。

時鐘製造的1日節奏

身體為了能夠配合外面的世界，好好過日子，會有像下一頁圖的變化，但是你幾乎不會察覺。

早上醒過來，也是因為身體時鐘的作用，促使體溫提高，讓心臟的跳動開始變活潑。白天胃腸充分蠕動，血液的循環也變活潑，這些變化是午餐時間等協同身體內部時鐘的團隊合作造成的。

心臟加速搏動。體溫提高。

心臟的活動變緩慢。體溫下降。

胃腸活潑。體溫升到最高。

「時鐘頭頭」的作用

頭腦內部的「時鐘頭頭」配合外部的明亮度形成節奏。一起來看看它的原理吧！

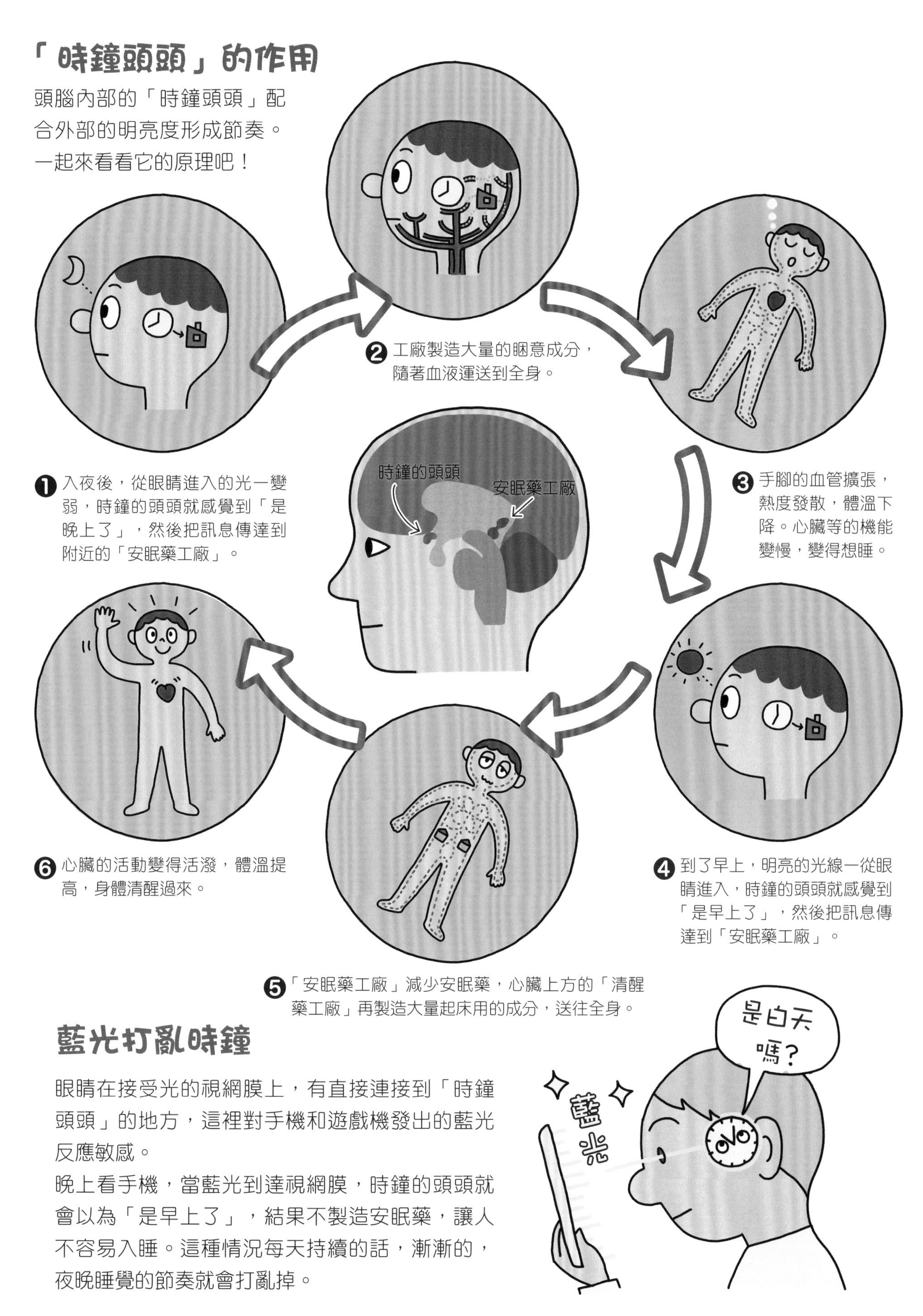

❶ 入夜後，從眼睛進入的光一變弱，時鐘的頭頭就感覺到「是晚上了」，然後把訊息傳達到附近的「安眠藥工廠」。

❷ 工廠製造大量的睏意成分，隨著血液運送到全身。

❸ 手腳的血管擴張，熱度發散，體溫下降。心臟等的機能變慢，變得想睡。

❹ 到了早上，明亮的光線一從眼睛進入，時鐘的頭頭就感覺到「是早上了」，然後把訊息傳達到「安眠藥工廠」。

❺「安眠藥工廠」減少安眠藥，心臟上方的「清醒藥工廠」再製造大量起床用的成分，送往全身。

❻ 心臟的活動變得活潑，體溫提高，身體清醒過來。

藍光打亂時鐘

眼睛在接受光的視網膜上，有直接連接到「時鐘頭頭」的地方，這裡對手機和遊戲機發出的藍光反應敏感。

晚上看手機，當藍光到達視網膜，時鐘的頭頭就會以為「是早上了」，結果不製造安眠藥，讓人不容易入睡。這種情況每天持續的話，漸漸的，夜晚睡覺的節奏就會打亂掉。

生理時鐘亂掉會發生什麼事？

生理時鐘是大部分生物都擁有的機能，可以配合晝夜24小時的變化，讓身體內部發生變化。對人類來說，原本擁有的是比24小時稍長的周期，不過，可以利用晚上的睡眠重新設定、調節。生理時鐘如果偏離了，就算勉強配合外部的世界起床，也會有很難抑制的睏意，或是變得慵懶、食慾不佳。

腦袋變得全是垃圾？

現在已經知道，當人什麼都不做的茫然發呆時，腦袋看起來像是正在休息的樣子，事實上卻是在進行特別的「整理、收拾」。就像圖書館，把每天送進來的新情報，分成各種主題，收藏在各個不同的場所。

持續使用手機或是遊戲機，就算使用的人想休息了，但是，光和流動的情報還是會大量流入腦袋裡。如果沒有整理、收拾的時間，一些不重要的書或雜誌就會堆滿腦袋這座圖書館，結果頭腦就不能有效活動，還會變得健忘、很難集中注意力。

頸部也過度操勞！

頭的重量有4～5公斤。
頸部如果向前傾，要支撐頭部是很辛苦的喲！

正常的姿勢

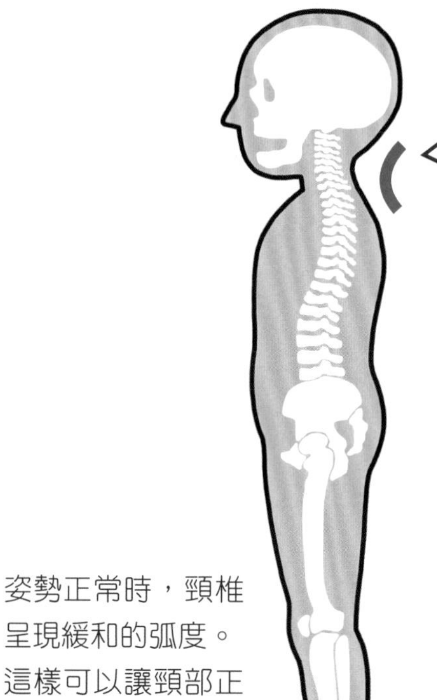

肩部以上呈現曲線。
支撐的大概是1顆西瓜的重量。

姿勢正常時，頸椎呈現緩和的弧度。這樣可以讓頸部正好支撐4～5公斤的頭部。

看手機或電子產品時

肩部以上筆直朝向斜前方。
支撐的大概是2顆西瓜的重量。

腰部反折

肚子凸出來！

為了看畫面，臉向前探出、姿勢變成前屈時，頸部就會伸向斜前方。這時加在頸部的重量變成2倍，還會造成肩、頸疼痛，姿勢不良。

呼吸變得困難！

試試看用兩手拿著手機或遊戲機做深呼吸，你會發現無法吸入太多空氣。如果手上不拿東西，大大的擴胸做深呼吸，就可以吸入大量的空氣。

持續像這兩個圖一樣的姿勢，肩膀也會向前靠。這時，讓肺部活動的「橫膈膜」就會完全被堵塞住，很難做深呼吸，造成呼吸變淺、氧氣不足、血液循環變差。

可是，沒有手機和
遊戲機也不行啊！
該怎麼辦才好？

自己定規則，制
定腦和眼睛、頸
部、肩膀的休息
時間吧！

避免使用到深夜

特別是睡覺的時候，請不要使用。
因為，熬夜會打亂生理時鐘。

偶而注視遠方，讓眼睛休息。

看看5～6公尺的遠處，放鬆眼睛的肌肉！

活動身體

放鬆身體的肌肉，可以促進血液循環，頭腦也能煥然一新。

我們都知道手機是方便的工
具、遊戲機很好玩，如果要
聰明的和它們相處，掌控使
用方式也很重要喔！

你們都變成
「貓背」了啦！
喵～！

蛤？
甩頭

我們不是
來公園
打棒球的嗎？
挺直背
沒錯
對啊！
怎麼不知不覺
就玩起遊戲來了～

開打囉！！
我去
防守了！
轉轉手臂
來吧！
我們也來
防守～!!

SOS 9 噴嚏、鼻水止不住！

鼻子是怎樣的構造？

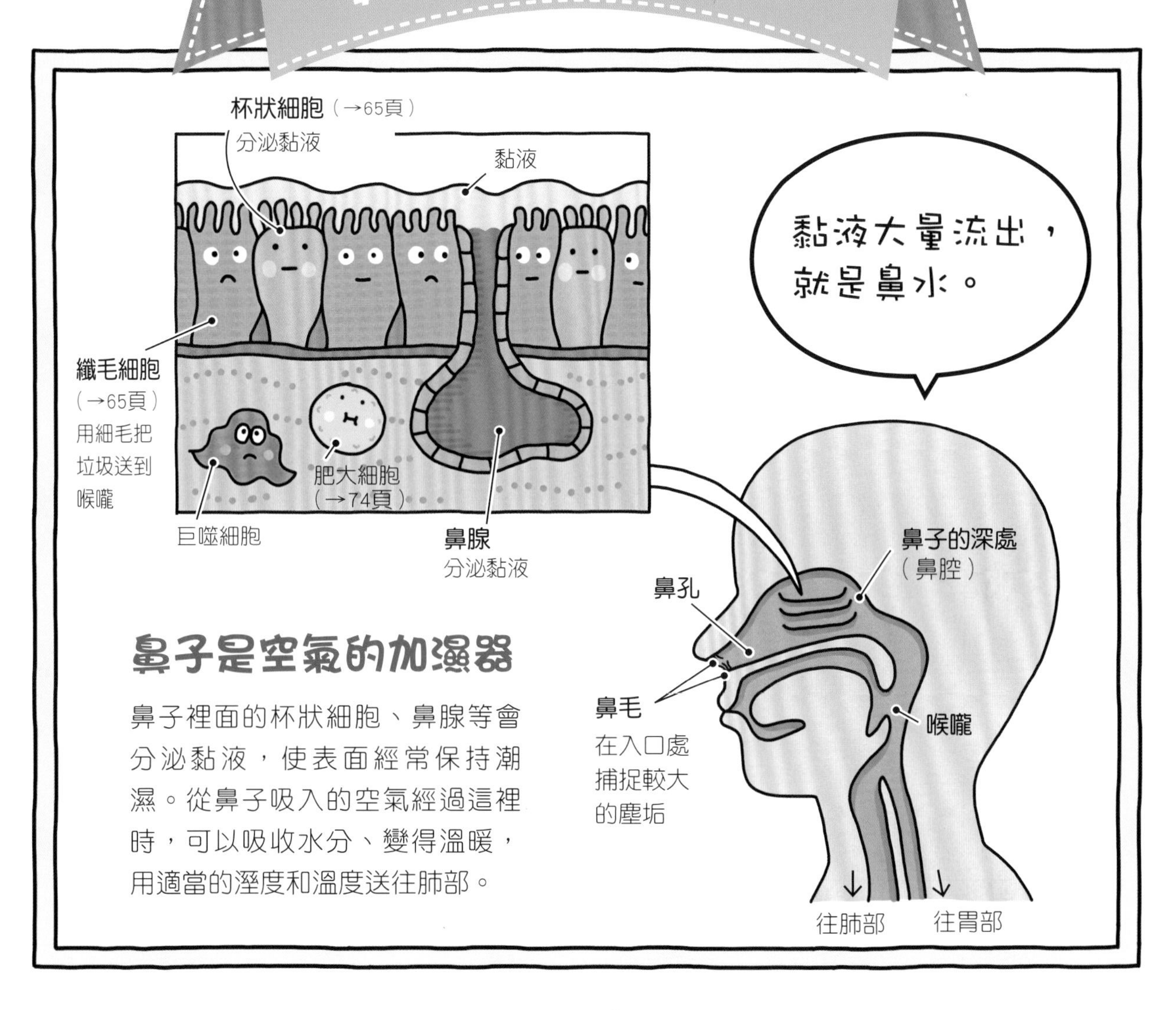

鼻子是空氣的加溼器

鼻子裡面的杯狀細胞、鼻腺等會分泌黏液，使表面經常保持潮濕。從鼻子吸入的空氣經過這裡時，可以吸收水分、變得溫暖，用適當的溼度和溫度送往肺部。

用黏液和鼻毛守護！

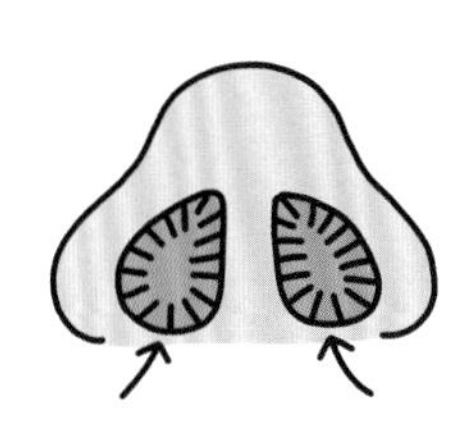

鼻毛長在鼻孔的入口，鼻子內部的壁面覆蓋著纖毛細胞的細毛。

鼻毛會抓住大的塵垢，不讓它進入內部。小的塵垢也會被黏液抓住，再利用表面上那些纖毛細胞的活動，從喉嚨送往胃部，然後被強烈的胃酸溶解掉。

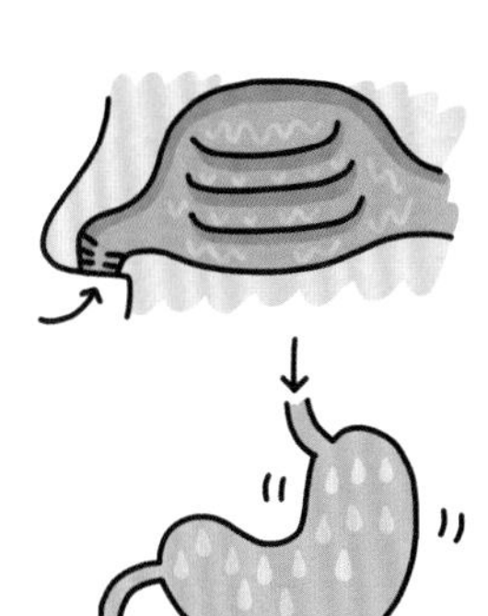

打噴嚏是在清出塵垢

當塵垢或病毒黏附在鼻子的黏液上，就會透過鼻子的神經，傳達給呼吸使用的肌肉，然後就會噴出一大口氣，將塵垢排出，這就是打噴嚏。

打噴嚏是為了避免空氣中的塵垢等進入肺部，是身體的自然反應。

誤把花粉當成「敵人」了嗎？

花粉症是從殲滅隊成員不明原因的把花粉當成「敵人」開始的。

1

空氣中飄浮著許多花粉，進入博士的鼻子。

天氣真好～

2

因為花粉很多，黏液沒辦法清理乾淨，花粉的成分就突破防護網進入。

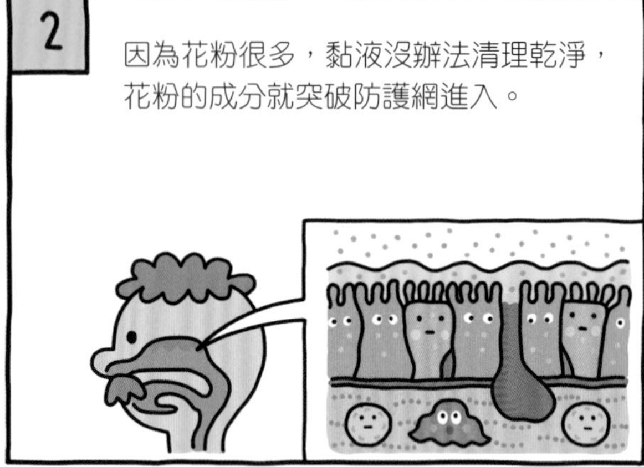

3

巨噬細胞把它吃掉，再把碎片拿給輔助T細胞看。

大吃特吃
了解
輔助T細胞
發現這個了。

4

輔助T細胞認為花粉是「敵人」，就命令B細胞：「製造對付它的武器吧！」

5

B細胞製造武器並發射。武器隨著血液循環被送往全身。

完成了～去吧～

6

在鼻子和喉嚨的肥大細胞抓取武器，安裝在自己的表面，當成天線。

花粉又來囉！

肥大細胞帶著對付花粉的天線，只要花粉一來就非常緊張。花粉症就是肥大細胞過度緊張引起的。

1 肥大細胞豎立著對付花粉用的天線，隨時備戰中。

2 相同的花粉成分再次到達時，天線很棒的捕捉到它！

3 肥大細胞清醒過來，不斷釋出自己內部的成分，想要殲滅花粉。

4 這種成分使血管擴張，讓顆粒球和水分更容易跑出來。
結果，鼻子內部和喉嚨就紅腫起來。

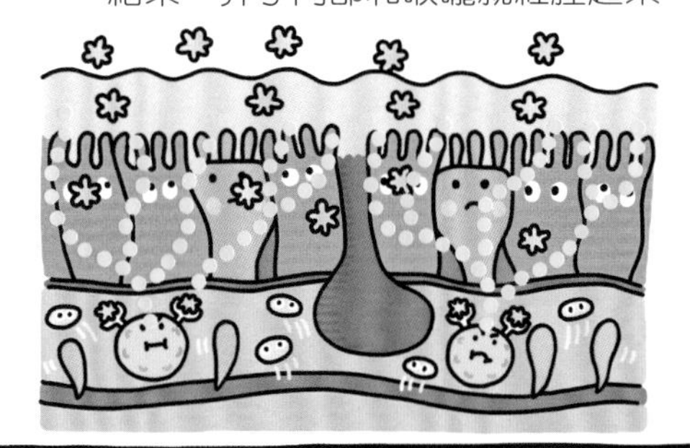

5 分泌黏液的地方也受到刺激，分泌大量的黏液。加上從血管跑出來的水分，就變成像水一樣的鼻水。

6 肥大細胞的成分一傳達到神經，就會感到搔癢。

過度緊張的肥大細胞會危害身體嗎？

肥大細胞所做的事，對身體是不好的嗎？

沒有這回事。肥大細胞會幫我們把進入身體的寄生蟲趕出去。

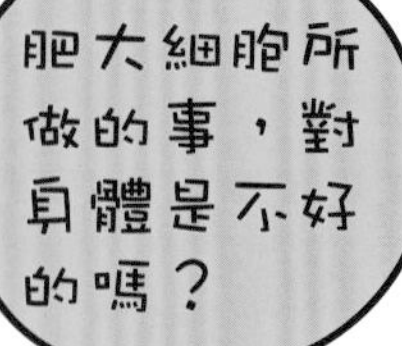

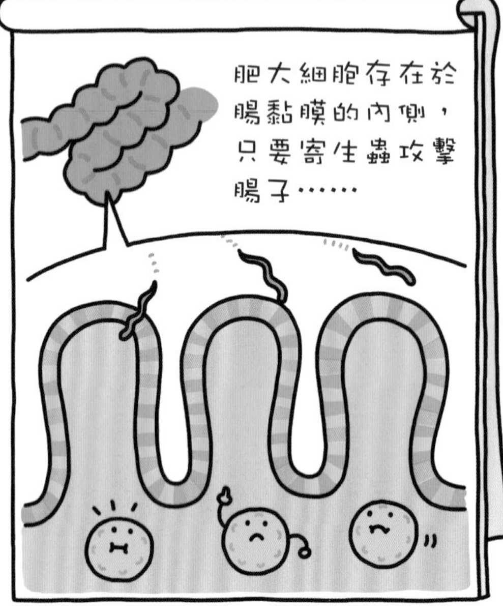

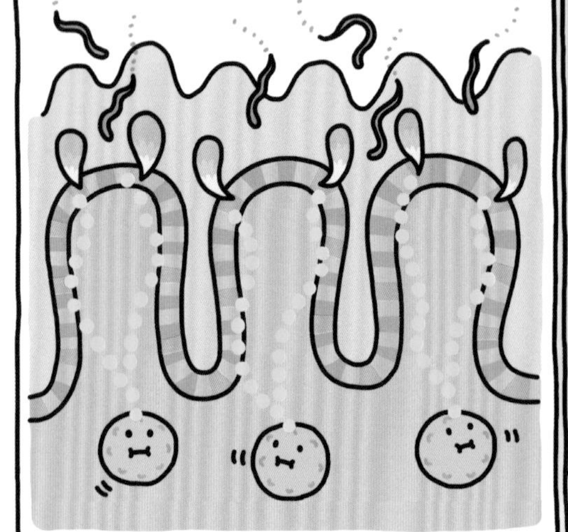

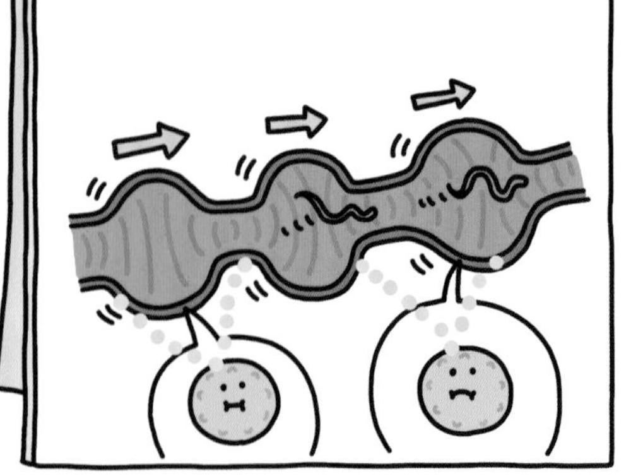

什麼是過敏？

明明是對身體無害的東西，肥大細胞卻想要殲滅它，並且大肆活動。這就是「過敏」。

也有對蛋或牛奶過敏的喲！

這是茶，不是牛奶。

我媽媽不能吃蝦子和螃蟹。

很想吃，可是一吃就起蕁麻疹。

被蜜蜂叮到好幾次、嚴重腫脹也是過敏。

對身體沒有危害的東西，為什麼會被當成是「有害的東西」呢？它的原因還不是很清楚。身體內部的情況，還有很多我們不清楚的事情哩！

能有效治療花粉症的藥物

雖然說過敏的研究一直在進行中，目前還是有了各式各樣的治療方法。例如，有效治療花粉症的藥物就是利用……

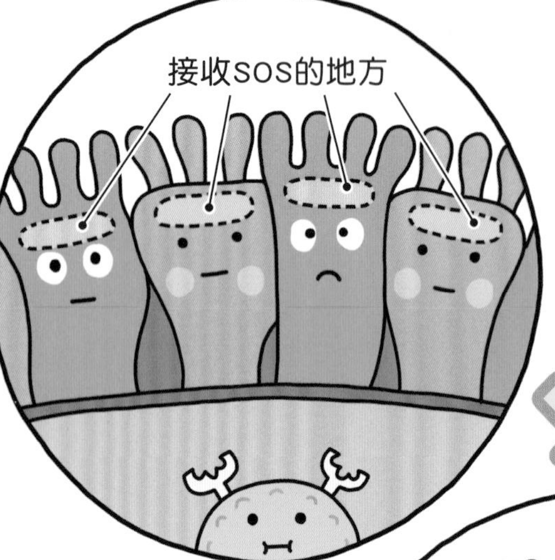

杯狀細胞、血管、神經都有接收肥大細胞的SOS成分的地方。

SOS的成分一進入這裡，杯狀細胞們就開始騷動起來。但是，只要藥物的成分一進入……

藥物成分會搶在SOS成分的前面，進入杯狀細胞的SOS點。這樣就算肥大細胞發出SOS，也不會被察覺。

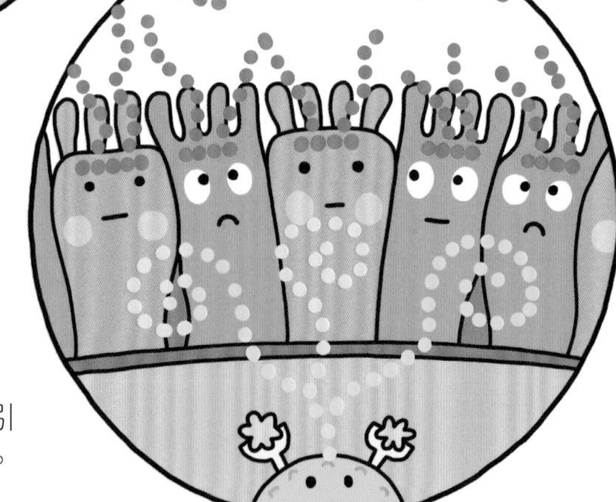

這樣就不會引起大騷動了。

1
喀嚓
博士，花粉症的藥拿來了！
2
呼～謝謝。
3
啊，好像見效了。
太好了！
4
博士，真是太好了！
耶～！

現在舒服囉～
呵呵呵～
好了，
趕快打掃乾淨，
去吃點心了！
好棒棒

每個成員都
很認真工作呢。

肚子裡面有運動
細胞和感覺細胞
在工作……

巨噬細胞現在
正在這裡面為
我努力呢。

38000000000000
人類的身體是
由高達38兆
個成員們聚集
而成的喲！

消滅
寄生蟲
殲滅細菌、病毒
監督整個
腸子的情況

在血液
中巡邏

而且，每個成員都
默默的做著早就決
定好的工作。

成員們的目的只有一個，就是讓「你」這個生物能夠健康的活下去。為了這個目的，他們一心一意的努力工作著。

我明天有棒球比賽。為了讓肌肉工廠能夠動起來，要好好吃飯！
我要去打網球。為了讓成員明天能夠大展身手，今天要好好睡飽！
那真是太好了！成員們應該也會精神百倍的上工吧！

監修／坂井建雄

順天堂大學保健醫療學系特聘教授、日本醫史學會理事長。1953年出生於大阪。東京大學醫學系畢業。歷任東京大學醫學系副教授、順天堂大學醫學系教授。主要研究人體解剖學、腎臟和血管・間質的細胞生物學、解剖學史、醫學史。近期著作有《図説 医学の歴史》（醫學書院）、《面白くて眠れなくなる解剖学》（PHP研究所）、《筋肉のしくみ・はたらき ゆるっと事典》（永岡書店）等。

著作・繪圖／西本修

插畫家。熱愛棒球和地圖。擔任工作坊和博物館展覽的藝術總監等，活躍各領域中。近年也從事染色作品的製作。主要著作有《3ぷんこうさく50》（學習研究社）、《からだのふしぎ》（人體大探險）、《どうぶつのふしぎ》（皆為世界文化社）等。

構成・撰文／清水洋美

編輯。任職出版社後，以自由編輯的身分，廣泛從事與自然科學相關的兒童書籍之企畫・編輯・執筆。代表作品有《ずかんプランクトン》、《ずかん文字》（皆為技術評論社）、《からだのふしぎ》（人體大探險）、《雑草のサバイバル大作戰》、《どうぶつのふしぎ》（皆為世界文化社）等。

主要參考文獻

《人体の正常機能と細胞》坂井建雄・河原克雅／總編輯　日本醫事新報社
《新版 からだの地図帳》佐藤達夫／監修　講談社
《面白くて眠れなくなる人体》坂井建雄　PHP研究所
《面白くて眠れなくなる解剖　》坂井建雄　PHP研究所
《好きになる免疫学》多田富雄／監修　萩原清文／著　講談社サイエンティフィク
《好きになる微生物学》渡辺 渡／著　講談社サイエンティフィク
《好きになる解剖学》竹内修二／著　講談社サイエンティフィク
《皮膚はすごい 生物たちの驚くべき進化》傳田 光洋／著　岩波書店
《イラストでわかる歯科医学の基礎 第3版》」渕端 孟ほか／監修　永末書店
《ようこそ！ 歯のふしぎ博物館へ》岡崎好秀／著　大修館書店

人體奧祕大發現
受傷和生病之謎大解密

定價350元

著作・繪圖／西本修
監　　修／坂井建雄
譯　　者／彭春美
總 編 輯／徐昱
執行美編／韓欣恬
出 版 者／**漢欣文化事業有限公司**
地　　址／新北市板橋區板新路206號3樓
電　　話／02-8953-9611
傳　　真／02-8952-4084
郵撥帳號／05837599 漢欣文化事業有限公司
初版一刷／2021年11月

本書如有缺頁、破損或裝訂錯誤，請寄回更換

國家圖書館出版品預行編目資料

人體奧祕大發現：受傷和生病之謎大解密／
西本修著作.繪圖；彭春美譯.
-- 初版. -- 新北市：漢欣文化事業有限公司,
2021.11　96面；19x26公分
譯自：からだのふしぎ けがとびょうきのナゾ
ISBN 978-957-686-817-7(精裝)

1.人體生理學 2.病理學 3.通俗作品

397　　110017206

KARADA NO FUSHIGI: KEGA TO BYOKI NO NAZO
written by Osamu Nishimoto, supervised by Tatsuo Sakai

Original Japanese edition published in 2019 by SEKAIBUNKA HOLDINGS INC., Tokyo.

This Traditional Chinese language edition is published by arrangement with SEKAIBUNKA Publishing Inc., Tokyo in care of Tuttle-Mori Agency, Inc., Tokyo through Keio Cultural Enterprise Co., Ltd., New Taipei City.

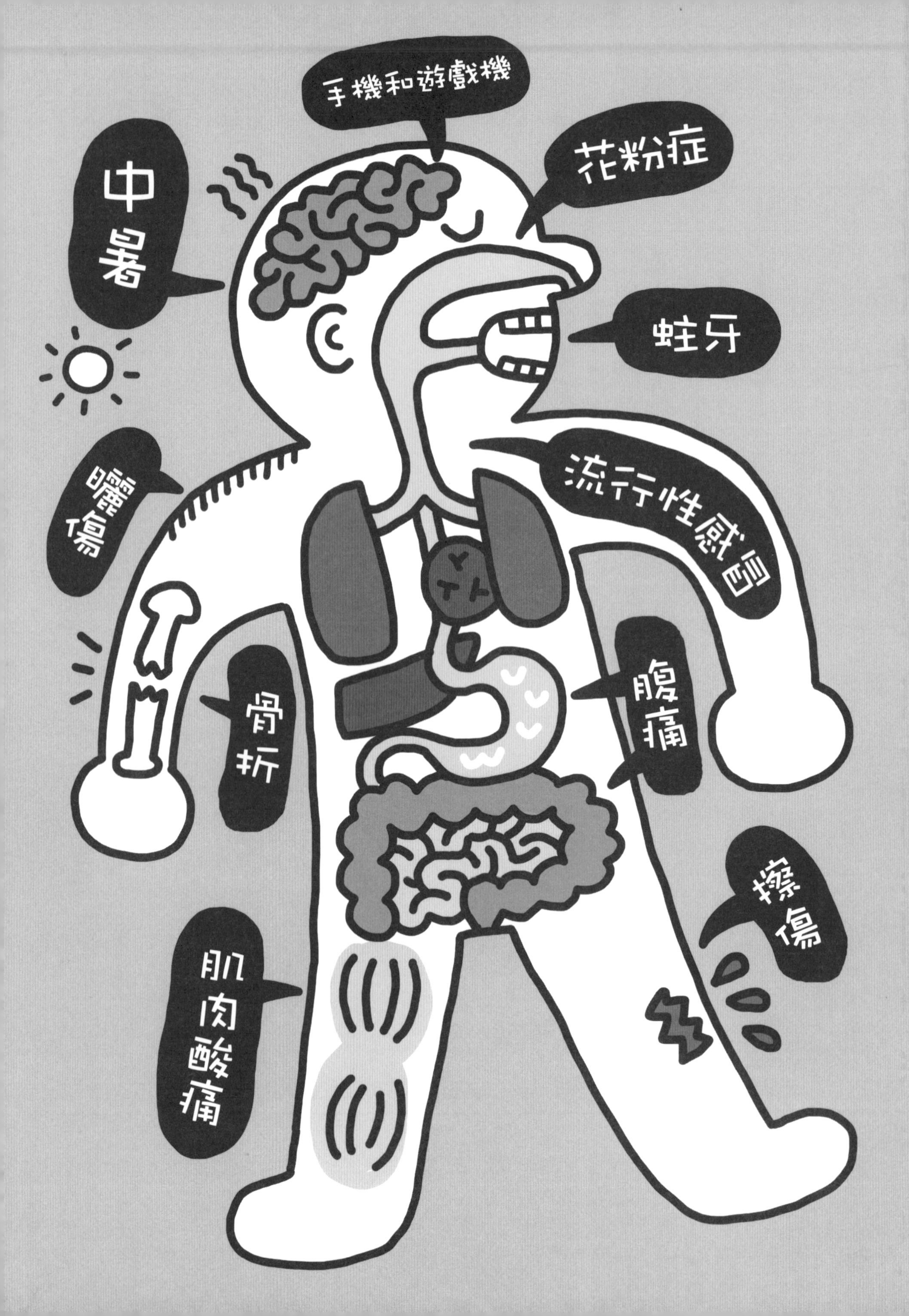
手機和遊戲機
花粉症
中暑
蛀牙
曬傷
流行性感冒
骨折
腹痛
擦傷
肌肉酸痛